技术课（建筑）

Architecture Technology

齐 康 等著

中国建筑工业出版社

图书在版编目（CIP）数据

技术课（建筑）/ 齐康等著 . —北京：中国建筑工业出版社，2017.1
ISBN 978-7-112-20242-3

Ⅰ . ①技…　Ⅱ . ①齐…　Ⅲ . ①建筑工程—工程技术—普及读物
Ⅳ . ① TU-49

中国版本图书馆 CIP 数据核字（2017）第 004858 号

责任编辑：张　建　张　明
责任校对：陈晶晶　张　颖

技术课（建筑）
Architecture Technology
齐　康　等著
　　*
中国建筑工业出版社出版、发行（北京海淀三里河路9号）
各地新华书店、建筑书店经销
北 京 嘉 泰 利 德 公 司 制 版
北京画中画印刷有限公司印刷
　　*
开本：889×1194 毫米　1/20　印张：$4^4/_5$　字数：115 千字
2017 年 3 月第一版　2017 年 3 月第一次印刷
定价：25.00 元
ISBN 978-7-112-20242-3
　　　（29627）

自序

齐康

技术课是建筑设计、建筑工程中最复杂的一门综合科学，它集合了力学（结构力学），各种结构形式——梁柱、拱券、穹顶、RC、钢结构及帐篷建筑、充气建筑——于一身，为各种功能服务，同时又表现自身的美学特性。

在全球气候变暖的今天，建筑的节能减排和低碳显得更加重要；此外，建筑还应做到防震、防水、防污、防雷击、防雨、防雪、防冰冻、防风沙。

建筑设备是现代建筑重要的组成部分，为其供电、供气、供热、通风，与此同时排水、排污、分流，实现化粪池、排污洁净站、回流等一系列循环。

施工使用相应的建造方法，搭筋、预制、大型板块、充气板、砌块、加气混凝土以减轻重量，保证建筑安全、牢固、坚实，使建筑及建筑群成为良好环境中的一员。建筑生长在绿色中，也成为绿色世界中人们生活的一种宜居环境。

建筑技术离不开城市绿色，离不开城市综合基础设施（infrastructure），所以城市应具备各种技术网络快速传送的功能，使城市成为一个

绿色的城市；

节能减排的城市；

便捷交通，即汽车、快速电动、动车的城市；

空气洁净、每天都是蓝天；

清洁用水、无病害、卫生健康的城市；

完全和平的城市。

建筑技术特别注重用材，如用材的性质、坚牢度、色泽、美观、刚性、柔性等。石材、木料、钢等材料是常用的建筑材料。

声和光是不可缺的，视觉、听觉的综合作用，使室内成为一种舒适的环境。总之技术是为人服务的。要以人为本，充分利用可再生能源，最后达到可持续发展。

概括地说，技术课综合性强，各种学科领域相互交叉。

技术具有两面性，是一把双刃剑，既节能又耗能。

技术课适用面广，它针对单体、群体、城市，以至区域。

总之，技术课就像人们比喻的那样，犹如一间"中药铺"，既实用又复合。

2016 年 11 月 8 日晨

目　录

第一课

力的传递

齐康

原始社会人类最早居住方式除山洞外，就是栽桩搭架把力传入土地，再覆草成为住所。公元前最早的梁柱式结构，始于古埃及尼罗河边的卢克索神庙，通过大柱子，层层传递，营造出了一种阴暗神秘的感觉。到了希腊时期，雅典卫城已将其发展完善，梁柱比例均衡，并考虑侧脚。希腊雕刻也已达到至善的地步，在山花中利用三角形形状将人物配置如此的完美和适配。帕提农神庙，还有那伊瑞克提翁神庙四女人像顶住柱廊、山门和入口，建筑高低错落，布局自由，而整体丰富，代表了古希腊建筑艺术的最高成就，希腊时代重视色彩，可惜因年久彩绘已剥落。这片极为壮观的建筑群，至今还有很多人去考察和研究。

梁柱结构在民居和公共建筑中的应用至今历久不衰，福建漳州一带仍有大型石板桥和石屋。在我国，木构架的梁柱用得更多，东北的小木屋就是这种方式。木料横向企口，梁架自下而上，三架、五架不等。而南方民居，以间为基础，三、五、七间，中间开间略大。北京故宫和景山周边的殿宇，最边上的开间小，应该也是利用环境的

尺度。中国的木构建筑大都是 2~3 层，如钟楼、鼓楼、藏经楼，阁也是 2~3 层。而中国的木塔则是 5~7 层，塔心为砖砌，而外部用木，如杭州的保俶塔虽只留下了内部塔心，亦甚美观。

中国古建筑以木构架为主，由于各地气候条件大致相同，亦有差异。云南的四合院，或谓之"一颗印"。大片地主庄园，靠天井采光，大地主的庄院进深可以 5~7 进不等，其他农户都是散居。

拱券时代主要靠石块或砌砖成券拱，早期在迈锡尼就有石砌挑拱顶的做法，一巨大乱石一块块出挑成拱。但拱券的大量使用起源于罗马时代，用于宫殿、浴室。特别值得一提的是三层高架水渠，它以前用作运水，现在上面仍可开渠，已被视为世界工程美学的典范。在我国，拱券的使用并不广泛，多用于墓室当中。中国的拱券有白边镶嵌，用花瓣等纹样。不论东西方，拱券都置以装饰物，再现和表现其地域性的文化，文化是以形式来体现，而形式又可以被单独研究。在东方，因缺乏石料，多以砖为主，是为砖券、砖拱，以及砖的穹顶。

拱的进一步是穹顶，欧洲、中东有许多大教堂都采用穹顶，佛罗伦萨大教堂和君士坦丁堡大教堂是其代表作。

中国的城市有众多的拱门，最出色的是南京的中华门，有正拱也有斜拱，构造独特，有 4 个券门相通，首道城门高 21.4m，瓮城上下设藏兵洞 13 个，结构复杂，设计巧妙，甚为壮观。

进入钢筋混凝土时代，钢筋混凝土即以混凝土为主要材料，并辅以钢筋，一体浇筑完成，是属于现场施工的湿式构造法。它可以抗压、抗

拉。由于混凝土具有可塑性，只要钢筋配置得当，各种形状的模板可以做成形状各异的钢筋混凝土构件。它可以制成空心板、填充板，还可修建30层的高层建筑。它具有多种用途，可以用于民用建筑、公共建筑、大跨度工业建筑，也可以做成薄壳建筑。在我的设计中，细的柱子可细到120~150mm，与建筑比例相称。当然钢筋混凝土要经历时间的考验，受压的裂缝经过一段时间，过重的长期受压可能达到破坏程度。有时为了防火，用钢管外包水泥就可使用。大厅中粗大的柱子包上供水和排水管网及电线，也屡见不鲜。为了防止裂缝要在楼地板内加分布钢筋，但混凝土的开裂是难以避免的，所以排柱网和地梁时要与易裂地段结合。大片的地坪要嵌铜条，为了节约起码要置玻璃条。

钢筋混凝土可以做许多各种各样的预制构件，如住宅预制楼梯、预制构件、预制板。板与板之间交接可以是焊，可以是预制构件的套等。人们不断地在追求轻质高强，预制也好，现浇也好，都要耗能，有利有弊。目前我国建筑行业可以说是处于混凝土时代，它需要量大，是造价重要组成部分。

预制构件需要一定的场地，同时混凝土的凝固期要一定时间，且内部有受拉受压的矛盾，所以在运输时要谨慎。

各种材料的交接是建筑师需要了解的，如木与木、木与钢筋混凝土，与钢结构等都要事前做好工作。现在烧结实心黏土砖已废，而用空心砖作为隔墙或填充墙，所以预埋件或预制构件，都要因地制宜。对于室内设计，预埋件是重要的。我们在设计时对室内面与面的交接要十分注意，不要使人有多余之感，但利用小凹线是处理的好方法。外粉墙面的划分线是个细部，0.5cm、1cm、2cm以上的凹线要预嵌木条。水刷石的效果其实是很好的，可现在已经不用。斩假石也是很有用的，杨廷宝先生在中山陵音乐台的设计中全用斩假石，至今犹如坚石。为了刷墙的方便，远看的地方可以用拉毛的方法，这都取决于工料。

钢结构是当今高层或超高层建筑必用的建筑材料，工字钢，拉压均可。钢架在工业建筑中可作桁架，起吊均可，大跨度的可以作飞机库或大型器具；而更大空间的影剧院或体育馆可以用网架，特别是采用球节点网架，自由度将大大提高。钢结构和钢筋混凝土经常采取结合的方法，是为组合结构。力的传递的分析要通过各种结构计算，组合在一起，才能形成一个整体。

钢结构不但能实现大跨度，而且可以大出挑，如体育场的看台。北京的"鸟巢"、国家大剧院采用的也是空间网架。

钢结构的致命弱点是防火，美国的世贸大厦双塔采用的就是钢结构，2001年"9·11事件"中竟被飞机撞击。整个建筑起火之后整个坍塌，死伤2000余人。因此，防火是钢结构建筑必须考虑的问题。梁结构与钢板相包，垂直和水平均能取得另样形态，南京紫峰大厦就是此例。

充气建筑是以北京奥运会的游泳馆（水立方）为代表，把建筑的顶部和墙面都充上氮气，营造出特殊的视觉效果和体量感，得到很好的评价。

膜结构建筑采用绳索和帆布，它可用作展览建筑、街头小品。可用时间很长，加拿大温哥华一家旅店的茶座用的就是一片白色帐膜，几十年来，它一直是温哥华海边的标志性建筑。

总之，建筑是作为一个整体来承受外部的负荷（加风荷、雪荷），从屋顶传至墙体再至基础。中国用举架来承受过重的荷载，产生弯矩，且梁柱还要厚实墙体来保护，嵌在墙中的柱子还要作防腐处理。

在建筑结构设计中，力学是基础，包括理论力学、材料力学和结构力学，统称三大力学，我们在结构设计中一定要有概念，即通过力的均衡原则，判断构件的受力状况。同时，还要了解各种建筑材料的受力性能和特点。

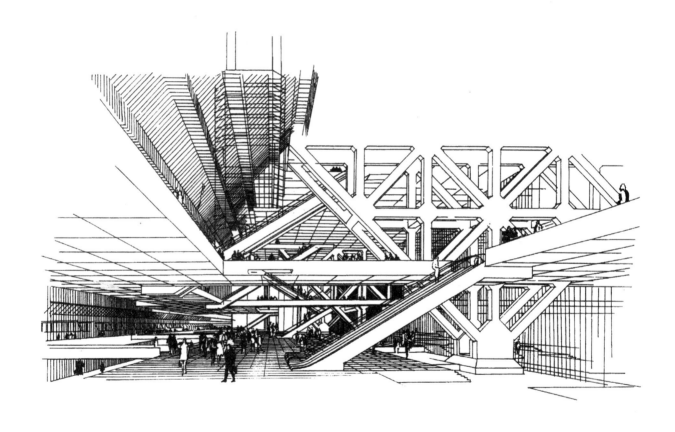

第二课

防灾减灾

齐康

人类生存生活在大自然中，而自然是多姿多彩的，地形地貌不同，山地与平原不同，三角洲与内地不同，寒带与热带不同，荒漠化与台风侵击不同。自古以来，人类既要利用自然，又要防止自然带给人类灾难。这当中存在着尖锐的矛盾，我们用要科学的态度和方法来对待和解决这些矛盾。

灾害在我国这样一个幅员辽阔的国家是屡见不鲜的。有风灾（台风）、水灾、泥石流、地震等，如1976年的唐山大地震死亡24万，伤16万，2008年的四川汶川地震，死伤人数达四十多万，2010年的青海玉树地震死伤一万余人。地震是可怕的自然灾害，现代技术还难以准确预报，而只能提前预警。只有提前加固建筑，人们在开始震动时及时逃脱，才能尽可能减少死伤人数。建筑设计要考虑抗震设计，这方面双廊比单廊好。地震过后，我们要研究地震后相对完好的建筑，研究破坏烈度。

要防止土地的沙漠化、荒漠化，就要有目的地植树造林，设置防护林带。而泥石流灾害的避免要注意气象预报，修筑和检查中小水库。

防风是重要一环，在城市中除了注意绿化系统外，在北方还要注意防风林布置，不宜平行常年风向，避免在大风间穿行。住宅区的建筑排列也应相互错开，以达到挡风的效果。城市除防风外还应注重防晒，防地面的辐射热。南京市常种的梧桐树，到了夏天就能起到隔热的作用。高层建筑因上层风大，在转角处常发出风叫声，这是个难题，需要研究。

防水是城市与建筑物要注意的主要方面。城市防水是江堤防，防内涝及立交桥下凹易积水处，道路也要组织好排水。建筑物防水不但表现在屋顶上，还需注意墙身、勒角、排水沟的防水处理。

在东北地区，防雪灾是个重要的议题，超大雪可能造成雪崩，压垮底层的木屋，造成人员伤亡。所以在气象预报之后要做防灾措施，注意屋顶扫雪，街边扫雪。室内取暖，有供气，也有电热炉、热水管，防火灾也须注意。寒冷天加上风，在高压线缆线上形成冰雹，过重了会压坏高压线杆。高高的山上，终年积水，成为人们向往的视景，而融雪、融冰时就易造成洪水泛滥。

再谈谈冰川。冰川是由降落到地面的雪转化而来，雪的晶体变化为粒雪，使积雪的密度逐渐增加，这一过程接近融点和液态冰时进行最快。重结晶的平均粒径很大，当集合体密度达到 $0.849g/cm^3$ 时，粒径之间便没有空隙，变得不可渗透，即标志由颗粒体到冰川的转化。冰川是多年积雪逐步形成的转化，天然冰体，可以沿着一定的山体而滑动。一些高山山顶温度常在0℃以下，所以常年存在雪线。

内河流的水位与冰川有关系，代表性的案例就是甘肃河西走廊、准格尔盆地、塔里木盆地、柴达木盆地、喀拉湖。同时与山区外融水有关，如长江、黄河、额尔其奇河、澜沧江、怒江，国外的恒河、印度河等。冰川融水对海洋也有补给。

针对洪涝灾害，疏通河道和建筑坚固堤坝是十分必要的。我们抓了大型水利建设，切不可忽视中小型水利建设。洪涝有共性，又有各自的特殊性，它不确定性大，河堤、水利工程与建筑布置，都应当做认真的考察。自大禹治水时开始，河堤的建设就是两种方法，一种是疏，一种是导，或两者结合。安徽民谣中"说凤阳，道凤阳，十年就有九年荒"，所以毛主席写了"一定要把淮河修好"。

洪涝具有普遍性，几千年从大禹治水始，防治水患一直作为国家治国之本之一。除了水利工程的建设，沿江的绿化也是重要的防治手段，最近从重庆沿江设置大片绿化也是个壮举。

洪涝起因大体上是暴雨洪水灾害。洪涝灾害，影响最大的是农业收成。据统计全国每年有150个县遭受洪水的灾害，1931年最严重一次592个县受害，1927年的数据为43个县市。城市规划者在调查水文、水资源时必须注意到这一状况。

干旱也是自然灾害中重要的一类，全球干旱面也相当广，这与气候类型有关。大陆性气候主要是冬季温度差异性大，降水少，气候干旱，内陆沙漠地带是个大陆性气候的一种极端表现。海洋型气候主要是冬季温度差别不大，气候潮湿，又称湿润气候和半湿润气候，这类地区中，防潮又成为建筑和城市设计中的重要课题，要解决好地下通风，特别是木质地板。季风气候主要分布在海陆毗连地区，由海陆湿度不同而引起的，它的特点是冬季干旱，而夏季湿润，交互影响该地区。这些与气温带有较密切的关系，如副热带的干旱地区。

就我国而言，年降水少于200mm为干旱区，如内蒙古的西部，宁夏回族自治区，甘肃河西走廊；200~450mm为半干旱区，如内蒙古的东部、中部，山西、陕西，甘肃东部。而华北地区冬季干旱，夏季雨水又相当集中。北京地区，每年7至8月雨水相当集中，还有雷击，卧佛寺一带是雷击中心。沙漠化和干旱与绿化的种植有密切关系，大片植树是重要措施。粮食的增减还是看气候的变化。我国是世界四大缺水大国之一，南水北调是个措施。我们建筑师、规划师要关注全球气候变化。我们还要关注要节能减排、低碳生态这是全民性的任务。

全球气候变化，地理信息系统，都是我们的关注点，要扩大知识面，它们都和城市直接和间接有关。

总的讲全球的气候系统变化，对人类活动从一个长时段可以看出它的影响。在工业革命时代起始，大气污染逐渐加重，CO_2排放，加重了人类的灾难。在科技先进的时代，我们要充分利用遥感、技术、数字化，从定性到定量科学化地研究各类灾害，使我们的指标如期达标。我们建筑师在用材方面，注意轻质高强、低廉，以达到富国强民目的。我们须不能单纯研究建筑学，而应从人居环境，整体建筑学出发，以适应世界的潮流。

在全球经济危机持续的今天，我国经济持续增长，这给我们一个好的机会，东方中国正在崛起，研究东方现代技术也是一个很好的课题。

Architecture Technology

第三课

光的时空

齐康

太阳是万物之源，人类的一切活动，生活的、工作的、休憩的，功能、技术、艺术，都离不开光。阳光的周而复始增加了时间感、方向感、方位感。建筑的空间也需要利用它来塑造，历史上许多优秀的建筑都是巧妙地运用了光来营造空间。古埃及克纳克神庙的列柱前高后低，给人们一种神秘而压抑的感受，西方中世纪的教堂玫瑰窗使人们感到神奇。现代建筑将光与建筑造型融为一体，室内人工光的运用，大大丰富了室内的空间。

形色、质感、光影、朝向对于建筑设计和城市规划都具有重要意义。由于经纬度不同、气候的差异性、时间的错位，世界各地利用光亦有差异。

当走进一间黑房间，你几乎什么也看不见，但只要门一打开，你能由光看见这间室内的器物、桌子、沙发、椅子、钢琴、地毯等。同样，在夜晚你只能借建筑的外部照明、店面照明和路灯看清城市，但天亮后你就能一览无余。所以说，有光才能见到物，没有光什么也看不见。其实你所见到的不是物体真正的颜色，这当中包含高光、反光，有相互影响。真正建筑的色彩还受到周围环境的反射光影响。

故这章取名为"光的时空"。

拿一个灰色的球体放在直射光下，在对准光源的高光处可以看到倒影，可以看到球的背影及影子，还可以看到反光。只有在明暗交界处才能看到它的真实的色彩。

光是复杂的，人们需要适宜的光来工作、学习和居住。而这些与室内的材料、色彩相关，色彩的质地，材料的质感等都不一样，又要借助人的触觉。当你在照相馆照相时，照相师除了主光之外还要给你补光，使成像效果更佳。我真佩服电影电视剧的取景，这些作品通过变幻的光影把观众带入到另一时空。人是有记忆和情感的，光激发你的感情世界，把爱和恨一切交加在一起，有隐喻，有比兴。这一节就是研究光，光的世界。有主观的意识，也有潜意识。在加拿大自然博物馆，可以边看边听。背景的狐叫声把人们引入到冰天雪地的环境中，声光融为一体。

20世纪西方绘画界出现了印象派和后印象派，画家莫奈、马奈等人开始探索新的画风，称外光画派，追求光的感觉，得到世界的承认。这种印象派和纯写实现实主义有很大的差异。这种外光画派在巴比松地区集聚作画，其作品对时空的描绘深入到各个方面。

建筑厅堂的设计中有灯光的设计，它与声的设计同样重要。因剧种不同，音乐厅的种类要分开，大小也要分开。歌剧有其特点，且都要用灯光。光与空间是有内在的关系，空间是一个三维体，空间为器，可以住人也可以装东西。四面体不一定是方的，还可以是其他形状。四面方体可以三面封，两面封，一面封。只不过是增加空间

感而已。这样空间有物质的一方面，也有精神的一方面。

光又分自然光和人工光，在剧院内就要使用人工光，但在展览大厅内可以两者兼用，大部用人工光，在名画前可以单独补光。展览馆内有时用天然的采光漫射。周恩来纪念馆就采用这种办法。日本安藤忠雄在光的教堂用墙上留出十字架形成奇特的光影效果，从侧门进入以避免自然光的进入。法国人教堂利用人工照成十字架。这些充分表现了建筑师可以用不同的手段表达相同的思想。

光进入室内，高大的空间可以有光亮的梯度，形成光的空间，一种形成利用远近，再一种利用内墙上及开窗的变形进入的侧光，朗香教堂就是利用侧光使教堂神秘，或在墙中预制异型罩可以得到几何形光墙。在今天，使用数字技术更可以使墙上有虚拟之感。可以动，也可以静，可以是天空，也可以是海浪。

可以利用光的亮度作多种用途，如柱廊阴影的节奏和韵律，也可以用来调节尺度。光、面、廊都具有空间感，甚至现代建筑的大片玻璃，彩色的，反射的灯都需要组织好。遗憾的是南京鼓楼的中信银行用金色玻璃，那种玻璃产生了很大的光污染。

光影的变化是随日照而移动，在特定时间条件下，使空间用材、支撑体变化出许多的特异光彩，使建筑的部件的大小产生节奏变化，建筑师应有所了解和掌握，有机地把握空间中的色彩。

人对情感的反应是多样的，如忧伤、喜悦、悲惨、愉悦、宁静。

光和建筑材料的肌理，光和结构的模式等都使物体发生变化。向阳和背阴在设计中都要注意，一般背阴的北向，要显示其凸，向阳的缝都要注意凹凸程度。光的反射和透视有许多趣味的，光表现情感，光表现智慧。

最后我们归纳一下，建筑的光的世界最核心是眼睛的视觉构造和观看过程。眼睛由瞳孔、水晶体、视网膜组成，它可以感受到色彩。光谱中的红、橙、黄都有不同的波长；其次是光谱光视效率；再次是视野范围（视场），其水平为180°，上为60°，下为70°。光还有一系列物理属性，如光通量、发光强度、照度、亮度等，记忆照度与亮度的关系等；此外，建筑材料的光学性质，光的反射、吸收和投射比、扩射和透视等，这些特性建筑师在实践中都应注意。

现代的照明技术有了很大的发展，特别是夜间照明，五光十色，如亚运会用灯光营造出奇异的视觉效果，使人们沉浸在欢乐的海洋中。

MARSEILLE 8.2.

法国马赛晚霞

第四课

声波荡漾

甄开源

没有光，就看不见世界的一切，同样，没有声音，就听不见自然界和人类社会。所以，人们的日常工作、生活都需要听觉。这一讲的主题是声学，人们的感情活动——高兴、痛苦、悲伤，都可以用声音的形式来表达，人们的情感有时也会随着声音的种类、高低荡漾，起伏。

声音是由物体振动产生，正在发声的物体叫声源。声音以声波的形式传播。声音只是声波通过固体或液体、气体传播形成的运动。声波振动内耳的听小骨，这些振动被转化为微小的电子脑波，这就是我们觉察到的声音。内耳采用的原理与麦克风捕获声波或扬声器的发音一样，它是移动的机械部分与气压波之间的关系。正常人能够听见频率为 20Hz 到 20000Hz 的声音，而老年人能听到的高频声音减少到 10000Hz（或可以低到 6000Hz）左右。人们把频率高于 20000Hz 的声音称为超声波，低于 20Hz 的称为次声波。

人们常用分贝、声功率、声压和声强来表示声音。声功率是指单位时间内，声波通过垂直于传播方向某指定面积的声能量。在噪声监测中，声功率是指声源总声功率，单位为 W。在建筑声学中，声学辐射的声功率一般可看作不随循环条件而改变的属于声源本身的一种特性。声源一般都是很微小的。

正常人听觉范围内，声强和声压的变化很大，而且人对声音变化的反应不是线性的，所以通常用分贝（dB）计量，以纯音测听 500Hz、1000Hz、2000Hz 的气导平均听力计算。正常人的听力范围在 0~25 分贝（dB）之间。

对声音的研究包括频率和频谱、音乐、噪声。一般高频声音为高音调，低频为低音调。我们除了知道声源外，还需要知道声压级。在音乐中发出的声音可以看成一种复杂的声音频率的复合。人在通话中有许多谐音被删，但仍能猜出讲话的是谁。

听到的声音的时间与听者和声源的距离有关。记得儿时解放军的炮击，常常要到几秒后才能听到声音。天上雷电交加时，当看到闪电若干秒后才能听到雷声。这都是因为声音的传播速度慢于光速。

声波有反射、折射、衍射、扩散、吸收和投射，反射又可细分为平面的反射、曲面的反射和声折射。在厂房中是声音被墙挡住后产生衍射。在厅堂音质设计中，声学设计是十分重要的环节，它要考虑吸声、反射声等问题。观众厅的形状、舞台的布置（一般舞台深 20~25m）等都与声学有关。奥地利维也纳新年音乐会的大厅是长方形的，这是一种有利于声音扩散均布的空间形态。再有，观众冬季的衣服吸声系较高，此因素也要列入考虑。

我们还要了解吸声材料和隔声材料的相关做法。通常在音乐厅、剧院、消声室等建筑中使用

多孔或纤维状吸声材料来吸收高频声，一般用玻璃棉等无机材料填充，外覆板材。板材上多用整齐排列的小孔，或组成花纹供装饰之用。多孔板可与低频声共振，将声能转化为热能。板越厚，转化为热能的流阻就越大；流阻过大，转化能就愈小。所以要研究多孔吸声材料的孔隙率和面板的厚度。多孔材料空气体积和整体之比一般在70%，最高达90%。孔隙率是以厚度、密度来控制吸声的特性。在材料厚度方面，厚度增加，低频声吸声系数增大。我们最宜采用中低频率所需要的吸声系数来选择材料的厚度。孔隙率和厚度相同时吸声材料的不同也会影响吸声效果。板后是留出骨架为空间。

穿孔板为了装修的需要可刷上相应观众大厅的色彩，并罩以金属网，使通气性更好。通常板厚采用5cm为宜。多孔板还要采取防潮和加共振构造等措施。

观众厅的外墙，除承重所需结构性外还应有较好的隔绝噪声的功能。

几种常用建筑材料的密度和吻合临界频率　　表1

隔声层材料	厚度（cm）	密度（kg/m³）	临界频（Hz）
砖砌体	25	2000	70~120
混凝土	10	2300	190
木板	1.0	250	1300
铝板	0.5	2700	2600
钢板	0.3	8300	8300
玻璃	0.3	2500	3000
有机玻璃	1.0	1150	3100

最后一个大问题是为噪声控制。城市的快速发展带来了汽车数量增大，工程建设量的大增，城市噪声的控制迫在眉睫。

平时在施工工地夜晚打桩的噪声也给周围居民的睡眠带来了大的干扰。市区内工厂的噪声也同样给城市带来了干扰。国家1979年发布了《环境保护法（试行）》，1989年又发布了《中华人民共和国噪声防治条例》，同时还发布了几种噪声控制的标准，保护听力和噪声允许的标准，以及国际相应的规定和参考。国际上规定每天工作8小时等效声级不许超过90dB，其他国家也有相应的规定。

中国城市区域环境噪声标准，这里有住宅及办公楼室内允许噪声级（$L_A : L_B$）；剧院观众厅内噪声限值（噪声评价数NR）；体育建筑有特定的室内背景噪声限值（噪声评价数NR）。

环境噪声的控制关系到发生源、中介、接收点，环境噪声的因素很多，往往难以控制。

总之，不能再以牺牲任何环境换取工作效益。我们首先要对噪声源进行调查，其次根据调查数据确定噪声声压级数值，然后根据需要尽可能采取综合减噪措施。

从总体上还要从城市的近期远期制定措施，尽可能地调整噪声源，从源头上控制，这样城市规划与噪声源控制结合起来，某种意义还要从区域平衡做起。

我们了解了厅堂音质，研究了噪声源及众多指标，最终还要在建造实践中实施、实测和不断地调整，对噪声处理较好的建筑案例做调查分析、总结，并为以后的设计提供参考，这种方法是可取的。

同时，我们不能忽视绿化树林的隔声作用，它可以阻挡噪声，同时可以吸收噪声，树木的错位排列是我们要研究的。在宽敞的地区，在坡地上种树更易达到隔声的效果，垂直绿化也能起到一定的作用。在建筑设计方面，我们要注意静与动的分区，如音乐教室不宜干扰其他教室。这都需要技术设计，此外，门窗的开启和密闭对室外的噪声都会有影响。

当今十分强调低碳、节能减排，同时也应该注意防噪声污染，它是一项综合性的工作。

Architecture Technology

勒·柯布西耶设计的法国朗香教堂

第五课

热的效应

甄开源

我们追求宜居环境，除声、光因素外，适宜的温度也是不可缺少的。人口的增加、资源的过度消耗、工业的污染，这使得环境恶化，所以绿色、节能、减排、低碳成为我研究环境的主要切入点。热工是我们这一课的主题。

先讨论室内热环境。人的肌体在正常情况为恒温，为了维持这种状态，人体通过新陈代谢产生热量，不断与周围环境进行热交换来进行自我调节。其中对流的热交换量约占25%~30%，辐射的散热量占4%~5%，通过呼吸散发的热量25%~30%，人居才能达到舒适状态。

其次，对流换热量，是指人体与周围环境热交换的方式，因此人体的皮肤温度，与环境空气、温度和气体流动速度均有密切关系。人体皮肤温度是体表面上不同部位几个点温度的平均值，每个测定值是按其所代表的人体表面积的比例加权计算而得。人体在休息时或在舒适环境中，皮肤温度在28℃~34℃之间，开始感到温热时，皮肤温度为35℃~37℃。

在人体与周围空气进行对流交换热时，人体所着的服装量、室内空气温度与气体流动速度的关系有着多种表达方式。气温与皮肤的温差越大，或是机体有效辐射面积越大，辐射的散热量就越多。通过对流所散失的热量的多少，受风速影响极大。风速越大，对流散热量也越多，相反，风速越小，对流散热量也越少。辐射、传导和对流散失的热量取决于皮肤和环境之间的温度差，温度差越大，散热量越多，温度差越小，散热量越少。

综合评价热环境还需要考虑以下几点，一是有效温度（Effective Temperature，E.T.）利用人体衣着的半裸体和夏日衣着的比较得出有效温度指标。二是热应力指数（Heat Street Index，HSI）指作用于人体外部热应力、作用于人体总热量等于需要的蒸发散热量。由给定热应力加入于人体的生理应变，决定了需要的蒸发散热量与空气最大散热量；当人体受到热应力，皮肤温度仍保持35℃，再有每小时人的散热量根据人体达到热平衡时要求的散发热量。可见，一是人体保持35℃为基线，再是外环境的散发量要取得平衡。

再讨论一下室外热环境影响因素，主要是气候因素，包括：

（1）太阳辐射——太阳是一个灼热的气团，向四周散发不同波长电磁波。在地球大气上界的太阳辐射光谱的99%以上在波长0.15~$4.0\mu m$之间。大约50%的太阳辐射能量在可见光谱（波长0.4~$0.76\mu m$），7%在紫外光谱区（波长$<0.4\mu m$），43%在红外光谱区（波长$>0.76\mu m$），最大能量在波长$0.475\mu m$处。由于进入大气层受到各种气体和微粒的影响，大气中的氧气、二氧化碳、水蒸气会吸收一部分热辐射。同时大气

热效应只属于肌肉的反应关系　　　表1

热应力指数（%）	身体反应及影响
−20	冷
−10	微冷（自高温环境移至休息站，可能出现这种情况）
0	没有热应力
10~30	微热对脑力劳动有一定影响，身体不好的人不能承受
40~60	高热对脑力活动有影响，对体力劳动有一定影响。身体不好的人能忍受，没有习惯于这样条件的人要注意休息
70~90	很高热。能影响的工作身体健康，使劳动效率降低，只有少数人能适应这种环境
100	最大可能忍受82时热应力

（来源：工厂降温原理及方法．北京：人民卫生出版社，1966：96．）

中的灰尘对太阳辐射的吸收也是有影响的，加上折射、反射共同作用，使太阳辐射热到达地面时大大削弱了，而地面的水蒸发量以对流传导散热，所以热辐射量的传导是一个复杂过程。太阳高度角因时间和地点的不同而不同。北方干旱地方的辐射热量大，反之多云多雨的地区辐射量少。但在高山地区因空气稀薄，辐射热较高。

（2）空气的温度——太阳入射到地面的辐射热量，受到空气中的湿度而变化，其次是大气的对流以最强的方式影响气温。空气的对流会产生高低温度的变化，它们的交互混合也导致了气温的差异。再有下垫面对空气也很有影响。如草原、森林、沙漠等下垫面不同对空气影响也不同。其他北半球和南半球受到的辐射热也有差别，晴天阴天也有变化，昼夜之间的变化亦不同。

（3）风——可分为大气环流和地方风两大类。前者是太阳照射地球表面（大洋和陆地）产生温差，配合地球自转，从而产生大气环流，它是造成各地气候不同的主要原因之一。后者是由于地表水陆分布不同，地势起伏各异，表面覆盖有别等地方条件而引起的，从而产生地方风、海陆风、季风、山谷风、庭院风等。再有气温变化，早晚不同，也会产生周期性。台风则是夏秋季节产生于西南太平洋上的一种强烈气旋，常沿西北方向移动，登陆我国东南各省区，产生巨大灾害。因而东南各地建筑防风、防洪、防雨、防滑坡等不可忽视。常可看到在极坐标底图上点绘出的某一地区在某一时段内各风向出现的频率或各风向的平均风速的统计图。前者为"风向玫瑰图"，后者为"风速玫瑰图"。它是城市规划者必须考虑的因素，也是消防监督部门根据国家有关消防技术规范在开展建审工作时必不可少的工具。

（4）降水——这是由大气在天空交流由于气温变化而产生的凝结水，包括雨雪、冰雹等。降水量是衡量一个地区在某段时间内降水多少的数据。降水量就是指从天空降落到地面上的液态和固态（经融化后）降水，没有经过蒸发、渗透和流失而在水平面上积聚的深度。它的单位是毫米。在气象上用降水量来区分降水的强度。根据12小时或24小时的降雨量来判定强度，可分为：小雨、中雨、大雨、暴雨、大暴雨。小雨：小于5mm或小于10mm。中雨：5~15mm或10~25mm。大雨：15~30mm或25~50mm。暴雨：

24 小时内降水量超过 50mm。降雨量的大小根据各地条件而有差异。我国大部分地区受到季风影响，降雨多集中在春、夏季节。沙漠地区则缺水。雪多降在北方地区，北纬 35° 以北为主要降雪区。各地的情况非常复杂，每一种类型的气候也非全区域一样，由于各地地形条件不同，各特定地区又有自己的小气候。城市化条件下人口的集中又会产生变化。大城市由于人口密集，高楼林立，产生热导效应，是人为的热。

物体之间由于温度不同就有导热、传热现象。为了创造宜居环境，我们提出了建筑的保温。在设计开窗通风时有主动式和被动式的隔热，另还要根据不同季节组织通风。各种材料的保温系数是不一样的，设计时从屋顶到墙面都有不同的构造措施和方法，如围护结构保温构造，有承重保温合一，单保温复合构造如混凝土和泡沫材料、塑料、薄膜等。此外门窗的节点要十分密缝，以防水隔声。

热工针对人和人群，涉及如何防热、隔热、利用热的解决措施，因此我们需要深刻了解热工，这对创造宜居环境有很深刻的意义。

西班牙教堂

2000.2.25

圣水教堂（素描）

第六课

给水排水

齐康

水是生命之源，人们的工作、生活离不开水。为了满足人们的需求，城市要通过给水系统将水输送到每家每户，并组织废水、污水的排放。给水和排水都有一套输送系统，是个系统工程。

城市的供水，首要是解决水源问题。有的城市从江河湖泊中取水，有的城市以地下水为主要水源，如南京从长江取水，苏州从太湖中取水。城市的总水厂获得水之后，通过管网将其分配到城市各区域，进入各家各户。

城市污水要输送到污水厂，经过过滤、沉淀、化学处理还原成清洁水。一些中小城市将雨水和污水统一排放，从环境方面考虑，这不利于可持续发展，但实现雨污分流的经济投入比较大，各城市应依据自身的特点选择合适的方式。

给水排水都需要借助管道系统，为了加深理解，我们需要了解流体的一些物理概念和物理性质，如：流体的密度和重度，流体的压缩性和热膨胀性，流体的黏性，表面张力，流体静压强及其特性，压强的测量，流体运动的基本规律——有恒定流动和非恒定流动，恒定流连续性方程式，水头损失及其类型等。以上的简述意在说明流体力学的复杂

性通过科学测算，可以保障城市供水的合理性。

水通过城市管网输送到各片区后，还要将其输送到各建筑内。在一幢建筑内，通常需要根据水质、水压、用水量等因素来设置相应的给水系统。下面，我简要讲下室内给水系统的分类及其组成。室内给水系统按用途可分为三类：

（1）生活给水系统。按水质的不同可分为饮水系统和杂用水系统。

（2）生产给水系统。由于各类生产工艺不同，生产给水系统类型很多，主要包括设备的冷却、原料及产品的洗涤、钢炉用水和各种原料水。生产用水对水质水量、水压及安全方面的要求应当根据生产的工艺要求来确定。

（3）消防给水系统，以水作为消防设施的给水系统，其中包括消防栓给水系统和自动喷水灭火系统，消防给水系统不一定单独设置，但对水压和水量的要求较高。

室内给水系统由以下基本组成部分构成：

（1）引入管：自室外给水管将水引入室内的管段；

（2）管道系统，包括室内给水干管、立管和支管；

（3）水表节点，指引入管上装设的水表及其前后设置的闸门、泄水装置的总称；

（4）给水附件，管路上的闸阀、止回阀及各式配水龙头等；

（5）运行设备；

（6）升压设备；

（7）储水设备。

室内生活给水系统的供水方式需要根据用户

的水质、水压和用量及室外所能提供的水质、水量和水压，卫生器具、消防设备在建筑室内的分布情况而定，另外还要考虑造价、运行管理、后期维修等因素。供水方式类型繁多，如直接给水，单设水塔给水（下层直接接水，上层单设水箱），设给水水泵、水箱联合给水方式，气压罐给水方式等。

室内消防给水：消防栓给水系统可分为室外管网直接给水、室内消火栓给水系统、不分区的消火栓给水系统、分区供水室内消火栓给水系统、分区减压室内消火栓给水系统等类型。消火栓的布置要考虑消防用水量，消防管边需布置消火栓的保护半径，此外，还应设置自动喷水灭火系统等。总之，要依据建筑规模、空间、层数、高度、接水量的大小、管径、分布进行给水设计工作。

排水系统的设备一般包括卫生、器具、排水的横支管、立管、排出管道、清通设备、污水提升设备、降温池、化粪池等。

室内消防给水系统设置的一个重要目的，是发生火灾能及时控制和扑灭火情。按实际情况，建筑高度不超过 24m，均属于底层消防系统。因

高压水泵供水高度的限制，高层室内消防给水系统应立足于"自救"，即立足于室内消防设施来扑灭火灾。所有这些都要经过水压、水量的测试。

建筑室内排水系统主要由卫生器具、排水管道系统、通气管系统和清通设备等组成，卫生器具（大便器、小便器、洗脸盆、淋浴器、地漏）是室内排水系统的起点，排水经过弯管和器具管径流入横支管，管径不得小于所连接的立管管径。排出管是室内排水立管与室外排水井之间连接管段，它收集一根或几根流出来的污水废水，排入室外排水管网，排水管管径不得小于所连接立管管径。建筑物的排出管的管径不得小于 50mm。通气管的作用是在排水时向管内补给空气，减轻立管内的气压变化幅度，它可减轻废水、废气对管边的腐蚀，延长管道的使用寿命，并保证水流通畅，减少排水的噪音。通气管要高出地面 2m。此外，屋顶排水的要设有漏斗，通气口要防止树叶堵塞。

总之，建筑给水排水要考虑两个问题，一是用水怎样进入室内，二是废水、污水如何排到室外，排入城市排水系统。

LUZERN

瑞士卢塞恩桥廊

第七课

建筑构造与建筑的耐久性

齐康

建筑的耐久性指建筑在一定时期内维持其性能和空间适用性的能力，亦即建筑材料、结构和空间在其设计使用年限内，应能够承受所有可能的环境作用、荷载和使用，而不应发生过度的腐蚀、损坏、破坏和不可改变的限制。建筑的耐久性是当前困扰土建和基础设施等工程的世界性问题，目前我国建筑设计与施工规范重点放在各种荷载作用下的结构强度要求，而对环境因素作用下和空间使用的耐久性要求相对考虑的不够。

建筑构造的目标是在建筑物各组成部分中，综合运用多方面的技术知识，根据多种客观因素，以选材、选型、工艺、安装为依据，合理运用各种材料，有机地组合各种建筑模块和建筑构件，解决它们之间相互间的高效可靠连接以及它们在使用过程中的可靠性能，是形成建筑物使用过程必不可少的组成部分。建筑构造的主要任务就是根据建筑物的功能要求，充分考虑影响建筑构造的各种因素，正确选择材料，运用材料，提供符合适用、安全、经济、美观的构造措施和具体做法（图1、图2）。

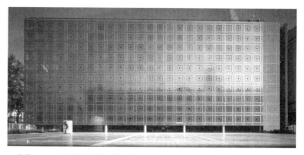

图1　巴黎阿拉伯世界研究中心建筑围护外墙

图2　建筑围护外墙的结构构造

以最大限度地满足建筑的使用功能，提高建筑物抵御自然界各种不利影响的能力，延长建筑的使用年限。

影响建筑耐久性的建筑构造按照各自功能作用主要分为以下几类：

（1）避免水分侵袭的排水、防水、防潮工程、防结露构造，如排水坡度、天沟、雨水口、泛水、檐口、防水层、勒脚、防潮层、隔气层、墙体装修层、腰线、滴水线、地漏、踢脚、散水、明沟、室内外高差台阶等。

（2）避免低温和高温的建筑构造，如保温层、隔热层、防火区、防火墙等。

（3）避免建筑在腐蚀环境中工作的防腐工程，如在与地下土壤接触的地面与墙体处设置防腐蚀隔离层。

（4）避免建筑磨损的建筑构造，如室内外墙体和室内楼地面的装修构造层、护角、勒脚等。

其中，避免水分侵袭的防水、防潮工程是建筑构造中对耐久性影响最大的构造措施，由于大多数的建筑耐久性问题都与水有关，解决环境水问题的主要措施就是采用疏导为主、防范为辅的方法，减少水分与建筑构件的接触。而在避免低温和高温的建筑构造中，保温层、隔热层、防火区、防火墙等的合理设置将最大限度地延长构件的使用时间；建筑的防腐工程则有效地阻隔了各种有害化学物质对结构的侵害；建筑防磨损的建筑构造则是从物理的角度起到保护建筑结构和提高构件耐久性的作用。

空间使用的耐久性常常被忽视，拆房子往往并不是因为建筑的物质构成上到了耐久性极限，而是因为空间使用不能满足要求了。空间使用的灵活性、可变性是在设计的最初阶段就需要引起重视，在结构体限定的合适尺度空间和结构空间通用性方面入手，确定围护与结构的关系尤为重要，对于公共住宅等大量性建造的建筑尤其如此。

建筑的耐久性与其所处的环境有很大关系，建筑构造作为建筑物质构成和建筑性能实现的保障，受建筑所处的环境影响是极大的。从建筑物质构成和空间使用两个方面来考虑建筑耐久性的问题，是比较合理和实用的。延长建筑的使用寿命是最大的节能减排，也是最大的节约。

1963.10 列宁格勒
圣彼得堡码头柱式

第八课

建筑结构选型与设计

齐康

现代建筑逐渐向高层、大跨、多功能方向发展，这就需要建筑设计过程中，建筑专业与结构专业更紧密地配合；既要求建筑设计人员应具备一定的结构知识，又要求结构设计人员应有一定的建筑知识，只有这样才能真正使结构融入建筑设计之中，并使建筑设计更合理，更易付诸实施。但建筑设计专业学生和从业人员中普遍存在着设计过程中过分追求艺术形象，设计方案追求新、奇、特，感性意识强，而对建筑的技术性、经济性等因素考虑不周，存在一定的技术表面化的现象。另一方面，对于公共住宅、办公建筑等大量建造的普通结构，尤其要重视在方案设计阶段的结构体的规整性、合理性。由于这类建筑建设量大，稍微一点不合理就会被放大，从而造成很大的损失，这一点常常被忽视。一个好的结构型式的确定，不仅要考虑建筑的使用功能，结构方面的安全合理，施工方面的可能条件，也要考虑造价上的经济性和艺术上的造型美观大方。如果选型不当，会给结构的安全使用及建筑的耐久性带来无法弥补的缺陷，同时也会延误工期，提高造价。因此在建筑方案设计阶段中必须将结构选型

放在重要地位。

影响建筑结构选型的因素主要有建筑的功能、建筑结构材料、施工技术水平、结构设计理论及计算手段、经济因素等。

（1）建筑的功能要求

建筑的功能要求是建筑设计中应考虑的首要因素。任何建筑都具有对客观空间环境的要求，根据这些要求可大体确定建筑的尺度、规模与相互关系。在结构选型时应使所选择的结构形式剖面与建筑使用空间相适应，并要考虑空间的可变性广泛的适应性，尤其是对于大量建造的建筑。设计中尽可能降低结构构件的高度，才能提高空间的使用效率、节省围护结构的初始投资费用、减少照明采暖空调负荷、节省维护费用，从而降低建筑物全寿命期费用（图1）。

（2）建筑结构材料对结构选型的影响

建筑结构材料是形成结构的物质基础。木结构、砖石结构、钢结构以及钢筋混凝土结构因其

图1　徐州工程学院图书馆（钢筋混凝土框架结构）

图2　徐州汉兵马俑博物馆（钢筋混凝土框架＋钢桁架结构）

材料特性不同而各具特性。如砖石结构抗压强度高，但抗弯、抗剪、抗拉强度低，且脆性大。钢筋混凝土结构有较大的抗弯、抗剪强度，而且延性优于砖石结构，但仍属于脆性材料，且自重大。钢结构抗拉强度高，自重轻，但其当长细比较大时在轴向压力作用下的杆件容易失稳。因此选择材料时充分利用其长处，避免和克服其短处，选择能充分发挥材料性能的结构（图2）。

（3）施工技术水平对结构选型的影响

建筑施工的生产技术水平及生产手段对建筑结构形式有很大影响。先进的施工技术是实现先进结构形式的前提，施工技术条件不具备或结构方案不适应现有的技术能力将给工程建设带来很大困难。

（4）结构设计理论的发展及计算手段的改进对结构选型的影响

过去限于计算手段，尽管设计师希望在制定结构方案时能进行多方案比较，但常因工作量大、工时过长而难以实现。只凭经验制定出一二个可行方案进行比较确定。随着计算机技术的发展，计算机运算速度的提高及贮存空间的增大，缩短了计算时间，提高了计算精度，使各种较复杂的空间结构的静力及动力计算问题迎刃而解，设计人员可较方便地采用各种较复杂的结构形式，还可进一步对各种形式的结构进行经济比较以取得优化结果。

（5）经济因素对结构选型的影响

任何工程建设都必须考虑提高投资的经济效益，综合经济分析是衡量结构方案经济性的手段。不但要考虑某个结构方案实施时的一次性投资费用，还要考虑其全寿命期的费用，在结构方案比较时应综合考虑一次性初始投资和建设速度之间的关系。

总之，从建筑方案设计开始阶段就需要将建筑设计与结构选型相结合，优化确定结构选型和建筑设计方向，这是一项重要且细致的工作，只有充分考虑各种影响因素并进行全面综合分析才能选出优化的方案。而对大量性建造的建筑类型，建筑结构的合理高效是对资源最大的节约。

美国流水别墅

第九课

门和窗

齐康

门是沟通室内室外的出入口，门在室外有专门功用，用以分割这个功能区与另一个功能区，如北京的故宫在太和殿外有太和门。这里我们研究的是室内的门。

窗是建筑中用于采光、通风的装置，这对居于室内的人有重要的作用。窗有多种类型，会议室可以有天窗，如果照度太大可以设置自动遮阳帘；在寒冷地区，为了防寒，窗要用双层窗；有的为隔绝室外的声音设置有双层玻璃的隔声、窗；

在南方由于蚊虫多，可以设纱窗以防蚊虫；在一些老洋房曾有上下推拉窗，现在已少用；遮阳百叶窗可以开启或半开启，用以挡光。

对于门和窗的设计，我们应该以人体尺度为标准。我在学习建筑时，老师要我们测绘一个门，然后再画上一个高 1.7m 左右的人，都是以人为尺度衡量标准，柯布西耶的模数也以人为参考。

家居的门一般为 80~90cm，而高度为 1.80~2.00m 不等，家居公共的门宽度为 1.5m，可供三人并行，家居的窗可以为 1.2m×1.2m，更大一些，视房间的开间大小而定，开间一般为 3.6~4.0m 不等，这是人体工程学的反映。

在一些旅馆，房间用双层窗帘来阻挡室外的光线，有整个开间都用玻璃幕墙，而用窗帘来调节光线的强弱，大片的外墙用玻璃幕墙会造成光污染。

古埃及卡纳克神庙曾用天窗来照亮内部的亮光，而今天我们在走廊的顶部用天窗来采光。

第十课

屋顶防水隔热

齐康

屋顶防水隔热是建筑构造的重要一环，屋顶有平顶、坡顶等屋面形式。有一段时期，一些城市倡导建筑平改坡。坡顶排水较平顶更畅通且易于疏通，而且瓦的材质、瓦型、色彩较丰富多样，易于艺术表现。

先讲坡顶，坡顶有单面坡、两面坡、四面坡等形式，其屋面材料有多样选择，块瓦包括 S 瓦、J 瓦等平瓦和小青瓦、筒瓦，按材料分有混凝土瓦、石板瓦、沥青瓦、金属瓦等。以块瓦为例，平瓦的一般构造做法由内而外依次为：钢筋混凝土屋面板、保温或隔热层、15 厚 1：3 水泥砂浆找平层、防水层、40 厚 C20 细石混凝土找平层（配直径 4@150×150 钢筋网）、30×30 顺水条 @500 钉牢、30×30 挂瓦条（中距按瓦材规格）、平瓦。如果是小青瓦或筒瓦，则一般构造做法由内而外依次为：钢筋混凝土屋面板（预埋直径 10 钢筋头）、保温或隔热层、15 厚 1：3 水泥砂浆找平层、防水层、30 厚 1：3 水泥砂浆（满铺钢丝网，用 18 号镀锌钢丝绑扎并与屋面板预埋的直径 10 钢筋头绑扎）、1：1：4 水泥白灰砂浆加水泥重的 3% 麻刀卧浆（最薄处 20）、小青瓦或筒瓦。其中，

保温或隔热层采用挤塑板、泡沫水泥板或陶瓷保温板等，防水层采用防水卷材或防水涂料，挂瓦条有钢挂瓦条或木挂瓦条。

坡屋顶的排水，对于 3 层及三层以下或檐高小于等于 10m 的中小型建筑物可以采用无组织排水，檐口处设泛水板，其混凝土挑檐挑出尺寸不应小于 0.5m。一般建筑均采用有组织排水，设混凝土或金属檐沟，通过雨水口、雨落水管组织排水。

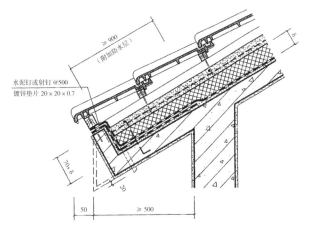

图 1　坡屋面平瓦无组织落水檐口构造

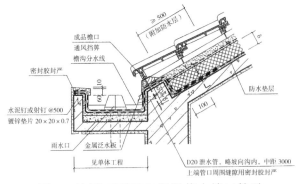

图 2　坡屋面平瓦有组织落水檐口构造

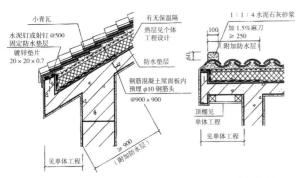

图 3　坡屋面小青瓦或筒瓦屋面无组织排水檐口构造

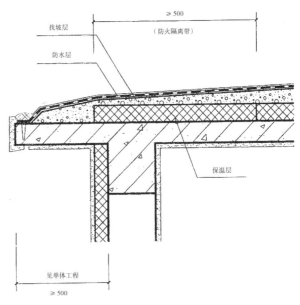

图 4　平屋面无组织排水构造

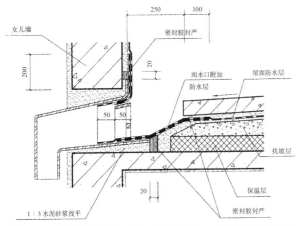

图 5　平屋顶侧入式雨水斗外落水有组织排水构造

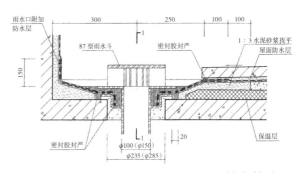

图 6　平屋面内天沟内落水有组织排水构造

　　随着现代建筑的发展，防水材料、防水构造的进步，平屋顶的应用越来越广泛，屋面能有效地用作活动场地或绿化空间。有保温方面，平屋顶的一般构造做法由内而外依次为：钢筋混凝土屋面板、20厚1∶3水泥砂浆找平层、隔气层、最薄30厚LC5.0轻集料混凝土、2找坡层、保温层、20厚1∶3水泥砂浆找平层、防水层、10厚低强度等级砂浆隔离层、40厚C20细石混凝土保护层（配直径6双向@150×150钢筋网，设分格缝）、水泥砂浆粘结层、面层。其中，保温层与防火层选用材料与坡屋顶基本一样，面层有预制混凝土板、防滑地砖、花岗岩等。

其中找坡层也可以采用结构找坡。

为了美化建筑环境，常常利用平屋面建造屋顶花园，屋顶花园的屋面构造与一般平屋面构造的不同主要在防水层以上部分，以可种植小乔木的绿化屋顶为例，其构造由下而上主要为：钢筋混凝土屋面板、20厚1：3水泥砂浆找平层、隔气层、最薄30厚LC5.0轻集料混凝土、2找坡层、保温层、20厚1：3水泥砂浆找平层、耐根穿刺复合防水层、隔离层、40厚C20细石混凝土保护层、25高凹凸型排水板、无纺布过滤层、300~600mm厚种植土、植被层。

平屋顶的排水同样分为无组织排水和有组织排水，无组织排水挑檐挑出尺寸不应小于0.5%。有组织排水分为外檐沟外落水、侧入式雨水斗外落水和内天沟内落水。成品雨水斗均应有防树叶堵塞等处理。

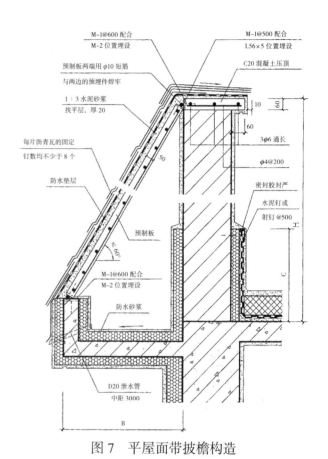

图7　平屋面带披檐构造

Architecture Technology

第十一课

室内照明综述

翁季（重庆大学）

照明设计是一项复杂的系统工程，集艺术、技术于一体。通过直接照明、间接照明、反射照明、透射照明、漫照明和背景照明等各种类型灯光的适当配合，才能缔造出完美的空间意境。而室内照明设计，既是一门科学，又是艺术。作为优秀的室内照明工程应是照明技术和装饰艺术完美结合的产物。室内照明设计不仅涉及光学和电学、美学，也涉及建筑学、生理学及心理学，在设计中必须统筹兼顾，使灯光照明对室内环境产生美学效果，并获得令人满意的光环境。本课试从科普性的角度对于室内照明进行描述和初步分析。

1. 室内照明光源

室内照明对光源的要求有：保证工作、学习、生活环境达到舒适的照度标准和良好的照明质量，客观地显示物体的明暗度与色彩性，获得人眼直接观察外部景物的真实效果。在有高发光效率、足够亮度的同时，还应该有接近自然光的色温和高的显色指数。

室内照明所采用的光源经历了三个不同阶段的发展。分别是：热辐射光源、气体放电光源和固体发光光源。其中最早被人类采用的是以托马斯·爱迪生发明的灯泡为代表的热辐射光源，其中一度被广泛运用的是白炽灯，其次还有卤钨灯等光源，该类光源的特点是体积小、可控光、没有频闪效应、显色性好和可瞬间启动等优点，但寿命短、光效低。由于其大量的电能被用来发热，发光效率过低，所以我们国家已经逐步取消使用这类光源。第二类是目前广泛采用的以荧光灯、紧凑型荧光灯为代表的气体放电灯，与白炽灯相比，荧光灯具有发光效率高、灯管表面亮度及温度低、光色好、品种多、寿命长等优点。该种类另外还包括高强气体放电灯（HID）灯，如：水银灯、金属卤化灯、高压钠灯、低压钠灯、高压水银灯等。HID 灯的最大优点是光效高、寿命长，但总体来看，还是存在启动时间长（不能瞬间启动）、不可调光、布灯位置受限制、对电压波动敏感、具有频闪效应等缺点，而且更大的问题是在灯具销毁时存在较大的重金属污染。最后一个阶段是固体发光光源，也就是现在我国提倡采用的发光二极管（LED）光源，该类光源具有省电、寿命超长、体积小、冷光、光响应速度快、工作电压低、抗震耐冲击、光色选择多等诸多优点。当然 LED 也存在一定的缺点，首先其售价较高，而且光效还不够高，配光曲线的定向性太强，容易产生眩光。虽然政府一直在进行政策方面的扶持，但是较高的售价仍然导致很难在一定时期内收回成本。目前，气体发光光源在室内照明中仍然是最主要采用的光源，虽然在室外照明中 LED 已经有较大发展，但是在室内照明中仍然需要进一步的努力。

主要光源的技术指标本课附表1所示。

2. 室内照明灯具

灯具是光源连同附件（包括控制系统、灯罩等）的总称。总体而言，室内照明灯具根据配光曲线在上下空间分布的不同可以分为：直接型灯具、半直接型灯具、直接—间接型（漫射型）灯具、半间接型灯具和间接型灯具。其中，直接型灯具大部分的光通量都是朝向下方的，所以比较容易产生眩光，漫射型灯具则是上下空间分布各半，而间接性灯具的光通量主要是朝向上方的（如吊顶的安装灯槽），这样符合当今的"见光不见灯"的设计理念，一般不容易产生眩光，被很多的室内设计方案所采纳，但是其缺点在于发光效率过低，其反射光强度除考虑灯具本身外，还要取决于附近的界面颜色、灯具的检修次数等因素。室内照明中常用灯具的具体类型包括：吸顶灯、吊灯、壁灯、移动灯和投射灯。电光源嵌装灯和光带、光梁及光檐。具体的灯具类型的选择跟空间大小、空间的功能等因素息息相关。随着人们生活质量的提高，人们首先注重室内照明的数量，数量方面主要参照国家规范《建筑照明设计标准》（GB 50034-2013）的相关规定。另外，人们也更多地注重室内照明质量方面的要求，开始注重光源的发光效率、色温、显色指数、配光曲线（光线的空间分布）、遮光角、眩光的避免等多个方面的问题。

3. 室内照明设计

室内照明设计需要考虑光通量、照度、亮度、光效、色温等十三个因素，这些因素恰恰也是决定如何使用照明设备，哪种照明设备更为符合环境照明需求。室内照明方式目前主要分为整体照明、重点照明、辅助照明、层次照明、立体照明、

表1

光源种类	光效（lm/W）	显色指数（Ra）	色温（K）	平均寿命（h）
白炽灯	15	100	2800	1000
卤钨灯	25	100	3000	2000~5000
普通荧光灯	70	70	全系列	10000
三基色荧光等	93	80~98	全系列	12000
紧凑型荧光灯	60	85	全系列	8000
高压汞灯	50	45	3300~4300	6000
金属卤化物灯	75~95	65~92	3000/4500/5600	6000~20000
高压钠灯	100~120	23/60/85	1950/2200/2500	24000
低压钠灯	200	85	1750	28000
高频无极灯	50~70	85	3000~4000	40000~80000
固体白灯	20	75	5000~10000	100000

Architecture Technology

装饰照明等。一般而言，在办公场所以整体照明（基础照明、环境照明）为主，而在家居和商场、酒吧等场所则会兼具几种照明类型。同时，一种照明类型又可包括多种照明方式。整体照明是一种均匀照明，将灯具均匀布置在天棚上，使整个空间光线明亮，照度比较均匀。局部照明是采用集中有效的照明，把光线集中投向某一局部，使局部重点突出并可产生动态感。在现代室内装饰照明艺术设计中广泛采用的是混合照明方式，把整体照明与局部照明有机结合起来，在整体照明的基础上加强局部照明，使室内环境产生千变万化、生动活泼的效果。

室内照明设计的原则是实用性、安全性、美观性和经济性。其中实用是根本，是设计的出发点和基本条件。设计应分析使用对象对照度、灯具、光色等方面的需求，选择合适的光源、灯具及布置方式，在照度上要保证规定的最低值，在灯具的形式与光色的变换上，要符合室内设计的要求。

一个良好的室内照明光环境设计是受照度、亮度、眩光、阴影、显色性、稳定性等各项因素的影响和制约的。好的光环境设计要满足足够的照度水平，照度的均匀性和亮度的合理分布以及室内各个面反射率选择适当。

最后，在室内照明设计中，我们还应当更多地关注光源的某些特性以及光源对于用户的心理影响，如显色性、色温等指标的影响。例如在住宅建筑中的书房、客厅和起居室等房间中，由于读书、看屏幕等的需要对于光源的显色性就显得非常重要。这其中就不能过多的采用显色性低的光源。另外，色温对于室内照明设计的重要作用

也是非常值得注意的，其中低色温的光源一般照到物体上呈现暖色调，高色温的光源则反之。如红、橙、黄、棕等低色温光源在室内照明运用中常使人联想起东方的旭日、燃烧的火焰、鲜艳的花朵等，认为它有温暖感，在大厅、客厅、餐厅等场所采用暖色调的照明，即有热烈华丽之感，又有烘托欢快而舒畅的气氛；蓝、绿、青、紫等色为冷色，它象征着大海的碧波和冰雪，使人感到冷静、凉爽，认为它有寒冷感，在炎热或狭窄的空间采用冷色照明，可以营造凉爽宽敞的感觉。在距离感方面，暖色显得更近，更亲切；而冷色显得更远，更虚无。另外，红色、黄色、橙色有兴奋作用，紫色则有抑制作用。所以，要求热烈而欢快气氛的场所，通常采用以红色和黄色等暖色为主的照明，使人感到兴奋而舒畅。而就眼睛接受各种光色所引起的疲劳程度而言，蓝色和紫色最容易引起疲劳，红色与橙色次之，蓝绿色和淡青色视疲劳度最小。生理作用还表现在眼睛对不同光色的敏感程度，如眼睛对黄色光最敏感，因此，黄色常用作警戒色。以上这些对于室内照明设计而言是更高层次的要求，也是非常值得设计者注意的，这可以更好地体现以人为本和体现对于人的心理需求的满足。

4. 结论

通过对于室内照明中的光源、灯具和照明方式等多个方面知识的论述，对于室内照明有了一个初步的较全方位的认识，希望借此能够让设计者更好地从事室内照明设计，更好地关注用户的心理需求，并最终为室内照明的发展提供更多的帮助。

参考文献：

[1] 尹志远.室内照明设计与灯光环境艺术［J］. 现代装饰理论.

[2] 杨世华.浅谈室内照明设计［J］.山西建筑，2011，37（4）.

[3] 朱奕敏.浅析室内照明设计发展动向［J］.广西轻工业，2010，04.

[4] 田立英.现代室内照明设计的研究[J].太原理工大学学报，2003，34（4）.

[5] 唐国庆.从室内照明发展趋势论 LED 技术提升的关键［J］.趋势与展望.

Architecture Technology

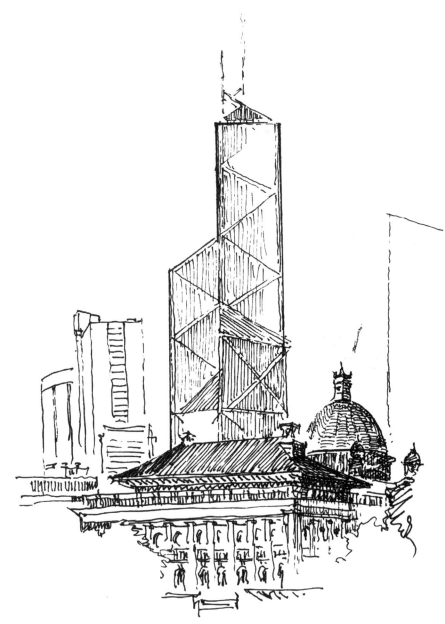

香港中国银行

第十二课

混凝土结构

寿刚

混凝土结构（concrete structure）是以混凝土为主制作的结构，和其他材料的结构相比，混凝土结构具有整体性好（可浇筑成为一个整体）、可塑性好（可浇筑成各种形状和尺寸的结构）、耐久性和耐火性好、工程造价和维护费用低的特点，是目前国内建筑中使用最广泛的一种结构形式。

1. 混凝土分类

混凝土是由一种胶凝材料，由水泥、砂子、石子、水、掺合材料、外加剂等按一定的比例拌合而成，拌合初期具有一定的流动性和可塑性，凝固后坚硬如石。素混凝土本身受压性能好，但受拉能性差，容易因受拉而断裂。为了解决这个矛盾，常根据需要在混凝土内配置钢筋、预应力筋、型钢等，使两种或两种以上材料粘结成一个整体，共同承受外力。

根据混凝土内部配置的抗拉材料不同，混凝土结构可以分为：

（1）素混凝土：混凝土内不配置抗拉材料。实际工程中应用有限，主要用于以受压为主的基础、柱墩和一些非承重结构。

（2）钢筋混凝土：混凝土内部根据受力需要配置钢筋后，钢筋主要承担拉力，钢筋的抗拉强度和混凝土的抗压强度均得到充分利用，且破坏过程有明显预兆。在结构中主要用于基础、梁、板、柱、剪力墙等，是使用最广泛、最基础的混凝土类型。

（3）预应力混凝土：在钢筋混凝土的基础上发展出来，在钢筋混凝土内配置了预应力钢筋，在构件使用（加载）前通过张拉预应力筋，预先给混凝土施加一定的预压力，从而使构件在使用中的拉应力减小，甚至使混凝土处于压力状态，解决混凝土过早出现裂缝的现象，同时可以减小构件尺寸，增加结构跨度。主要应用于高层建筑、桥隧建筑、海洋结构、压力容器等。

（4）型钢、钢管混凝土：在钢筋混凝土的基础上发展出来，将型钢配置在钢筋混凝土内部，称为型钢混凝土；将钢筋混凝土浇筑在钢管内部称为钢管混凝土。型钢、钢管混凝土能有效提高构件承载能力，减小构件尺寸，提高构件延性性能，且具有优越的抗震性能。目前在国内大型公建和高层、超高层建筑中广泛使用。

2. 钢筋混凝土结构体系的主要类型

钢筋混凝土结构体系主要分为四类：

（1）框架结构：指由梁和柱以钢接相连接而成，构成承重体系的结构，即由梁和柱组成框架共同抵抗使用过程中出现的水平荷载和竖向荷载。框架结构的房屋墙体不承重，仅起到围护和分隔作用。按施工方法可分为全现浇、半现浇、装配式和半装配式四种。框架结构的优点是建筑平面布置灵活，可形成较大的建筑空间，建筑立面处理也比较方便。其主要缺点是侧向刚度较小，一般用于不多于15层（高度不超过50m）的多层和高层建筑，也是目前多层建筑中使用最广泛的结构类型。

（2）剪力墙结构：剪力墙结构较之框架结构，采用剪力墙来提供很大的抗剪强度和侧向刚度，从而提高整体结构的抗侧移刚度。剪力墙就是以承受水平荷载为主要目的而设置的现浇钢筋混凝土成片墙体。剪力墙结构的优点是侧向刚度大，在水平荷载作用下侧移小。其缺点是剪力墙间距小，建筑平面布置不灵活，不适合于要求大空间的公共建筑，一般在10层以上的高层住宅中使用。

（3）框架—剪力墙结构：是在框架结构中布置一定数量的剪力墙的结构，在整个体系中，框架仍占主体、以承担竖向荷载为主，剪力墙承担绝大部分的水平荷载，两者协同工作、扬长避短。它具有框架结构平面布置灵活，有较大空间的优点，又具有侧向刚度大的优点。框架—剪力墙结构属于半刚性结构体系，适用于10～20层办公、公寓、住宅等建筑，最高不宜超过25层。

（4）筒体结构：将剪力墙集中到建筑的外部或内部，组成一个竖向的封闭箱体，可以大大提高房屋的整体空间受力性能和抗侧移能力，这种封闭的箱体称为筒体。筒体结构是目前建筑结构中整体空间刚度最好的建筑结构类型，在水平风荷载与地震作用下保持自身空间刚度的能力上是其他所有结构类型难以企及的。因此，世界上超高层的摩天大楼都普遍采用筒体结构。

1）框架—核心筒结构：由内筒与外框架组成，这种结构受力很接近框架—剪力墙结构，适用于10～30层的房屋。

2）筒中筒结构：有内筒和外筒两种，内筒一般由电梯间、楼梯间组成，外筒一般为密排柱与窗裙梁组成，可视为开窗洞的筒体。内筒与外筒用楼盖连接成一个整体，共同抵抗竖向荷载及水平荷载。这种结构体系的刚度和承载力都很大，适用于30～50层的房屋。

3. 我国混凝土结构的发展

混凝土结构在19世纪中期开始使用，由于当时水泥和混凝土的质量都很差，同时设计计算理论尚未建立，所以发展比较缓慢。直到19世纪末以后，由于混凝土计算理论的建立，水泥和钢材工业的发展，混凝土和钢材的质量不断改进、强度逐步提高，钢筋混凝土结构成为现代工程建设中应用最广泛的建筑结构之一。

我国从20世纪70年代起，一般民用建设中广泛地采用定型化、标准化的装配式钢筋混凝土构件，装配式混凝土结构和采用预制空心楼板的砌体结构成为两种最主要的结构体系，应用普及率达70%以上。由于当时装配技术和理论研究的限制，其结构的功能和物理性能存在许多局限，特别是预制结构抗震的整体性较差，装配式混凝土结构逐渐被全现浇混凝土结构体系取代。近几年，随着我国经济快速发展，建筑业和其他行业一样都在进行工业化技术改造，预制装配式混凝土结构又开始焕发出新的生机。许多高质量要求的建筑要求选用预制装配式结构来建造。在抗震地区，预制装配式结构在应用中亟待解决的是装配交接面的有效连接和整体抗震问题，此外与之配套的装配式结构的设计规范目前还未出台，制约了装配式混凝土结构发展。

中国于1956年开始推广预应力混凝土，主要采用冷拉钢筋作为预应力筋，生产预制预应力混凝土屋架、吊车梁等工业村厂房构件。20世纪70年代，在民用建筑中开始推广冷拔低碳钢丝配筋得预应力混凝土中小型构件。20世纪80年代以来，预应力混凝土大量应用于大型公共建筑、高层及超高层建筑、大跨度桥梁和多层工业厂房等现代工程。预应力混凝土由于对构件施加预应力，大大推迟了裂缝的出现，在使用荷载作用下，构件甚至可以不出现裂缝，所以提高了构件的刚度，增加了结构的耐久性。预应力筋又是一种高强度材料，因此可减少钢筋用量和构件截面尺寸，节省钢材和混凝土，降低结构自重，对大跨度和重荷载结构有着明显的优越性。

近年来随着大型公建中不断出现大跨、大悬挑设计、建筑高度不断刷新纪录，建筑中混凝土梁、柱和剪力墙承担的荷载越来越大。通过大量的实验和理论研究证明：在钢筋混凝土中加入型钢或在钢管柱中倒入混凝土，使型钢（钢管）、钢筋、混凝土三位一体地协同工作，型钢（钢管）混凝土结构相对于比传统的钢筋混凝土结构具有承载力大、刚度大、延性好、抗震性能好等优点。与钢结构相比，具有防火性能好，结构局部和整体稳定性好，节省钢材的优点。型钢、钢管混凝土结构对我国多、高层建筑的发展、优化和改善

结构抗震性能都具有极其重要的意义。

4. 清水混凝土的建筑应用

清水混凝土建筑产生于20世纪20年代，随着混凝土的广泛应用，建筑师们发现混凝土材料本身具有朴实无华、自然沉稳的韵味，与生俱来的厚重与清雅是一些现代建筑材料无法效仿和媲美的。材料本身所拥有的柔软感、刚硬感、温暖感、冷漠感不仅对人的感官及精神产生影响，而且可以表达出建筑情感。因此建筑师们认为，这是一种高贵的朴素，看似简单，其实比金碧辉煌更具艺术效果。世界上越来越多的建筑师采用清水混凝土工艺，如世界级建筑大师贝聿铭、安藤忠雄等都在他们的设计中大量地使用了清水混凝土。

我国对清水混凝土建筑的研究起步较晚，由于清水混凝土墙面最终的装饰效果，60%取决于混凝土浇筑的质量，40%取决于后期的透明保护喷涂施工，因此，清水混凝土对建筑施工水平是一种极大的挑战。最近几年，清水混凝土经过实践的不断改良和理论的逐渐完善，愈来愈展现出其强大的可塑性与艺术表现力，清水混凝土材料在表达不同建筑情感时的无限潜力使人们对其越来越产生浓厚的兴趣。由于人们对低碳节能和绿色环保的日益关注，清水混凝土建筑成了设计师们的热衷焦点，同时在各地也诞生出一批优秀的作品，如首都机场T3航站楼、苏州孙武纪念馆、南戴河三联海边图书馆等。

Architecture Technology

第十三课

钢结构

寿刚

钢结构是由钢制材料组成的结构，结构主要由型钢和钢板等制成的钢梁、钢柱、钢桁架等构件组成，各构件或部件之间通常采用焊缝、螺栓或铆钉连接。因其自重较轻，且施工工业化程度高，钢结构广泛应用于大型厂房、场馆、超高层等领域，是建筑中使用广泛的一种结构形式。

1. 钢结构特点

（1）钢结构优点

1）材料强度高，自身重量轻

钢材强度较高，弹性模量也高。与混凝土和木材相比，其密度与屈服强度的比值相对较低，因而在同样受力条件下钢结构的构件截面小、自重轻、便于运输和安装，适于跨度大、高度高、承载重的结构。

2）钢材韧性，塑性好，材质均匀，结构可靠性高

适于承受冲击和动力荷载，具有良好的抗震性能。钢材内部组织结构均匀，近于各向同性匀质体。钢结构的实际工作性能比较符合计算理论，因此钢结构可靠性高。

3）钢结构制造安装机械化程度高

钢结构构件便于在工厂制造、工地拼装。工厂机械化制造钢结构构件成品精度高、生产效率高、工地拼装速度快、工期短。钢结构是工业化程度最高的一种结构。

4）钢结构密封性能好

由于焊接结构可以做到完全密封，可以做成气密性、水密性均很好的高压容器、大型油池、压力管道等。

5）低碳、节能、绿色环保，可重复利用

钢结构建筑拆除几乎不会产生建筑垃圾，钢材可以回收再利用。

（2）钢结构缺点

1）钢结构耐火性差

当温度在150℃以下时，钢材性质变化很小，但结构表面受150℃左右的热辐射时，要采用隔热板加以保护。温度在300℃~400℃时，钢材强度和弹性模量均显著下降，温度在600℃左右时，钢材的强度趋于零。在有特殊防火需求的建筑中，钢结构必须采用耐火材料加以保护达到提高耐火等级，钢结构耐火涂料价格高。

2）钢结构耐腐蚀性差

在潮湿和腐蚀性介质的环境中，容易锈蚀。一般钢结构要除锈、镀锌或涂料，且要定期维护，日常的维护成本较高。对处于海水中的海洋平台结构,需采用"锌块阳极保护"等特殊措施予以防腐蚀。

2. 钢结构类型

钢结构主要有五个类型：

（1）门式钢架；一种传统的轻钢结构，上部主构架包括刚架斜梁、刚架柱、支撑、檩条、系杆、

图 1 门式钢架

图 3 钢结构压型钢板楼面施工

山墙骨架等，具有受力简单、传力路径明确、构件制作快捷、便于工厂化加工、施工周期短等特点，主要用于单层工业厂房、大型超市和展览馆、库房以及各种不同类型仓储式工业厂房。

（2）框架钢结构：由钢梁和钢柱组成的能承受垂直和水平荷载的结构。楼板通常采用压型钢板混凝土现浇。用于大跨度或高层或荷载较重的工业与民用建筑。框架钢结构又可以细分为纯框

架、中心支撑框架、偏心支撑框架、框筒（密柱框架）。

（3）网架结构：由多根钢结构杆件按照一定的网格形式通过节点联结而成的空间结构。具有空间受力小、重量轻、刚度大、抗震性能好等优点。可用作体育馆、影剧院、展览厅、候车厅、体育场看台雨篷、飞机库等建筑的屋盖。

（4）索膜结构：包括悬索结构和膜结构两部

图 2 厦门气象局新一代气象雷达业务楼钢框架

图 4 网架结构

图5 网架球形节点

分，悬索结构指由柔性受拉索及其边缘构件所形成的承重结构。索的材料可以采用钢丝束、钢丝绳、钢绞线、链条、圆钢以及其他受拉性能良好的线材。

膜结构是由多种高强薄膜材料及加强构件（钢架、钢柱或钢索）通过一定方式使其内部产生一定的预张应力以形成某种空间形状，作为覆盖结构，并能承受一定的外荷载作用的一种空间结构形式。

图6 索膜结构

索膜结构的跨度更大，结构更加轻盈，膜结构建筑还具有有一定的透光性，为建筑设计提供更大的美学创作空间。主要应用于大型的场馆建设。

（5）钢—混凝土混合结构：由钢框架或型钢混凝土框架与钢筋混凝土核心筒组成框架—筒体结构；以及由钢或型钢混凝土外筒与钢筋混凝土核心筒组成的筒中筒结构。框架—筒体结构中的型钢混凝土框架可以是型钢混凝土梁与型钢混凝土柱（钢管混凝土柱）组成的框架，也可以是钢梁与型钢混凝土柱（钢管混凝土柱）组成的框架；筒中筒结构体系中的外筒可以是框筒、桁架筒或交叉网格筒。我国高层建筑混合结构体系主要有框架—筒体结构体系、巨型柱框架—核心筒结构体系、筒中筒结构体系等。

图7 广州新电视观光塔钢—混凝土混合结构

3. 我国钢结构的发展前景

我国钢结构产业近年来发展迅速，我国已成为全球钢结构用量最大、制造施工能力最强、产业规模第一、企业规模第一的钢结构大国。我国已经拥有相关钢材生产技术，并能够独立生产各种型号和厚度的钢材，开发了相关钢结构设计软件，满足建筑钢结构的结构设计需求。我国钢结构已经进入批量化生产，并被运用到各种领域。

高层和超高层建筑中使用钢结构是必然趋势，钢结构由于其自身的各种物理性能优于传统的混凝土结构，在50层以上的建筑中采用各种形式的钢结构将成主导。目前的高层和超高层一般都采用全钢结构或钢—混凝土混合结构。混合结构体系与混凝土结构相比，其在降低结构自重、减少结构断面尺寸、改善结构受力性能、加快施工进度等方面具有明显的优势；与纯钢结构相比，其又具有防火性能好、综合用钢量小、风荷载作用舒适度好的特点，有非常大的应用前景。

大跨度及空间结构中钢结构网架与网壳仍是当前我国空间结构建设的主流，一批航站楼、会议展览中心、体育场馆开始采用短型管、圆钢管制作空间桁架、拱架及斜拉网架结构。国家体育场，是由24片门市刚架旋转而成，其中22片基本贯通，形成了这样一个造型的"鸟巢"。此外国家大剧院、广州新体育馆等都是钢结构形式。

从建筑轻钢结构发展状况看来，我国政府倡导的钢结构住宅及其产业化需求将是量大面广的钢结构市场之一。钢结构住宅建筑体系以其外形美观、室内空间大、结构部件轻、抗震性能好、工业化程度高、施工周期短及占用面积小等一系列优势，在建筑市场中展示出其广阔的应用及发展前景。

图8　钢结构住宅框架

95.12.21.

泰国皇宫

第十四课

地基与基础

寿刚

1. 地基

（1）地基的定义

地基是指建筑物下面支承基础的土体或岩体。作为建筑地基的土层分为岩石、碎石土、砂土、粉土、黏性土和人工填土。地基有天然地基和人工地基两类。

天然地基是不需要对地基进行处理就可以直接放置基础的天然土层。当土层的地质状况较好，承载力强时可以采用天然地基。

人工地基是地质状况不佳的条件下，如淤泥、淤泥质土、杂填土、冲填土等，或虽然土层质地较好，但上部荷载过大时，为使地基具有足够的承载能力和满足沉降要求时则要采用人工加固地基。

（2）地基处理方法

地基的处理指为提高地基承载力，改善其变形性质或渗透性质而采取的人工处理地基的方法。建筑物的地基不够好，上部建筑很可能倒塌，地基处理的主要目的是采用各种地基处理方法以改善地基条件。

地基处理的对象是软弱地基和特殊土地基。

软弱地基是指主要由淤泥、淤泥质土、冲填土、杂填土或其他高压缩性土层构成的地基。特殊土地基带有地区性的特点，它包括软土、湿陷性黄土、膨胀土、红黏土和冻土等地基。

地基处理方法主要有：

1）换填法：当建筑物基础下的持力层比较软弱、不能满足上部结构荷载对地基的要求时，常采用换土垫层来处理软弱地基。即将基础下一定范围内的土层挖去，然后回填以强度较大的砂、碎石或灰土等，并夯实至密实。

2）预压法：预压法是一种有效的软土地基处理方法。在建筑物或构筑物建造前，先在拟建场地上施加或分级施加与其相当的荷载，使土体中孔隙水排出，孔隙体积变小，土体密实，提高地基承载力和稳定性。堆载预压法处理深度一般达 10m 左右，真空预压法处理深度可达 15m 左右。

3）强夯法：强夯法是用几十吨重锤从高处落下，反复多次夯击地面，对地基进行强力夯实。实践证明，经夯击后的地基承载力可提高 2 ~ 5 倍，压缩性可降低 200% ~ 500%，影响深度在 10m 以上。

4）振冲法：振冲法是振动水冲击法的简称，按不同土类可分为振冲置换法和振冲密实法两类。振冲法在黏性土中主要起振冲置换作用，置换后填料形成的桩体与土组成复合地基；在砂土中主要起振动挤密和振动液化作用。振冲法的处理深度可达 10m 左右。

5）深层搅拌法：深层搅拌法系利用水泥或其他固化剂通过特制的搅拌机械，在地基中将水泥和土体强制拌和，使软弱土硬结成整体，形成具有水稳性和足够强度的水泥土桩或地下连续墙，处理深度可达 8 ~ 12m。

6）砂石桩法：振动沉管砂石桩是振动沉管砂桩和振动沉管碎石桩的简称。振动沉管砂石桩就是在振动机的振动作用下，把套管打入规定的设计深度，夯管入土后，挤密了套管周围土体，然后投入砂石，再排砂石于土中，振动密实成桩，多次循环后就成为砂石桩。也可采用锤击沉管方法。桩与桩间土形成复合地基，从而提高地基的承载力和防止砂土振动液化，也可用于增大软弱黏性土的整体稳定性。其处理深度达 10m 左右。

7）灰土挤密桩法：土桩及灰土桩是利用沉管、冲击或爆扩等方法在地基中挤土成孔，然后向孔内夯填素土或灰土成桩。成孔时，桩孔部位的土被侧向挤出，从而使桩周围土得以加密。土桩及灰土桩挤密地基，是由土桩或灰土桩与桩间挤密土共同组成复合地基。土桩及灰土桩法的特点是：就地取材，以土治土，原位处理、深层加密和费用较低。

2. 基础

（1）基础的定义

基础是建筑中将结构所承受的各种作用传递到地基上的结构组成部分。

我国在建筑物的基础建造方面有悠久的历史。从陕西半坡村新石器时代的遗址中发掘出的木柱下已有掺陶片的夯土基础；陕县庙底沟的屋柱下也有用扁平的砾石做的基础；洛阳王湾墙基的沟槽内则填红烧土碎块或铺一层平整

的大块砾石。到战国时期，已有块石基础。到北宋元丰年间，基础类型已发展到木桩基础、木筏基础及复杂地基上的桥梁基础、堤坝基础，使基础型式日臻完善。在《营造法式》中对地基设计和基础构造都做了初步规定，如对一般基础埋深做出"凡开基址，须相视地脉虚实，其深不过一丈，浅止于五尺或四尺……"的规定。

（2）基础分类

基础按使用的材料分为：灰土基础、砖基础、毛石基础、素混凝土基础、钢筋混凝土基础。

按构造形式可分为条形基础、独立基础、筏板基础和桩基础。

1）条形基础：当建筑物采用砖墙承重时，墙下基础常连续设置，形成通长的条形基础，或者由于柱下荷载较大，独立基础无法满足要求时，也可采用柱下条形基础。

2）独立基础：当建筑物上部为框架结构或单独柱子时，常采用独立基础；若柱子为预制时，则采用杯形基础形式。适用于柱下荷载不大，或地基承载力强的建筑物。

3）筏形基础：将墙或柱下基础连成一片，使整个建筑物的荷载承受在一块整板上，筏板基础厚度一般不小于 400mm，有很强的变形协调能力，这种满堂式的板式基础称筏形基础。适合于软弱地基或上部荷载比较大的建筑物，高层建筑的地下室底板经常采用筏板基础。

4）桩基础：当地基的软弱土层较厚，持力层埋置较深，或上部荷载大，采用浅埋基础不能满足地基强度和变形要求，常采用桩基。桩基的

作用是将荷载通过桩传给埋藏较深的坚硬土层，或通过桩周围的摩擦力传给地基。

3. 常用桩基介绍

桩是竖直或倾斜的基础构件，其埋深长度与桩径比大于6。桩埋置于土中，以使作用于上部结构的荷载传递给地基土。桩基础是一种深基础形式，它能较好地适应各种工程地质条件，具有承载力大、稳定性好、变形小等优点。桩基础包括桩承台和桩两部分。

若桩身全部埋于土中，承台底面与土体接触，则称为低承台桩基；若桩身上部露出地面而承台底位于地面以上，则称为高承台桩基。建筑桩基通常为低承台桩基础。

我国在桩基础应用方面有着悠久的历史，古代不少用桩基础建造的建筑物，如南京的石头城、上海的龙华塔、西安的坝桥、北京的御河桥等，至今仍情况良好。桩基技术经历了几千年的发展过程。无论是桩基材料和桩的类型，或者是施工机械和施工方法都有了巨大的发展，现在桩基础广泛应用于各种土木建筑中。

4. 桩的分类

（1）按照桩的受力原理大致可分为摩擦桩和端承桩。

摩擦桩：靠桩周表面与土之间的摩擦力起主要支承作用的桩（同时桩端也起一定支承作用）。

端承桩：穿过软弱土层，主要靠桩端在坚硬土层或岩层上起支承作用的桩。

（2）按照桩的制作和施工方式可分为预制桩和灌注桩。

① 预制桩：通过沉桩设备将桩打入、压入、振入土中。预制桩有木桩、钢筋混凝土桩、钢桩等。

在我国很多地方，人们依旧按照传统的营造方式使用木桩加固基础，木桩由于取材便利，施工简单，加固效果好，是一种非常常见的桩基础。

随着钢筋混凝土的大量使用，木桩逐渐被预制钢筋混凝土方桩所取代，预制方桩的承载力高、耐腐蚀，适用于机械化施工，有很好的抗震性能。

在预制混凝土方桩的基础上，技术人员通过实验和研究发现：使用预应力技术并采用高强混凝土生产出的预应力管桩或方桩有更好的经济性能，而且桩身质量稳定可靠、强度高、穿透能力强、施工快捷方便。目前在工程中广泛使用。

② 灌注桩：首先在施工现场桩位上先成孔，然后在孔内设置钢筋笼、灌注混凝土而成钻孔。常用的有沉管灌注桩和钻孔灌注桩。目前使用最多的是钻孔灌注桩。

人工挖孔桩是灌注桩的一种，通过在施工现场桩位上人工挖孔、成孔后在其内放置钢筋笼、灌注混凝土而成的桩。人工挖孔桩考虑到人工挖土的操作面，一般直径都在800mm以上，成孔后采用混凝土护壁或砖护壁，桩底可采用人工扩孔进一步加大桩径，使桩的承载力大幅提高。人工挖孔桩成孔直观，桩底持力层清晰可见，桩的可靠度非常高，并且所有桩基可以同时进行施工，大大节省时间。不过人工挖孔桩也存在挖孔过程中人员安全不足的缺点，近几年许多地方已禁止使用人工挖桩。目前随着机械挖孔设备的诞生，许多工程又重新使用挖孔桩。

钻孔灌注桩是在施工现场桩位上通过机械钻孔设备在地基土中形成桩孔，然后在其内放置钢筋笼、灌注混凝土而成的桩。由于机械钻头的大小可以根据需要调整，所以桩径取值灵活，经济性好。此外钻孔灌注桩施工时基本无噪音，可以穿透各种土层，更可以嵌入基岩，承载力大。不过钻孔灌注桩在施工中一般采用泥浆护壁，需要修建专门的泥浆池，施工环境不好；在灌注混凝土时，如果桩底的沉渣没有清理干净或泥浆护壁不到位时会发生塌孔、缩径或局部夹泥等现象，影响成桩的质量。现在对重要的钻孔灌注桩会要求采用后注浆法，使用二次压力注浆对沉渣、泥皮和桩侧一定范围内的土体加固，提高桩的可靠度。

Architecture Technology

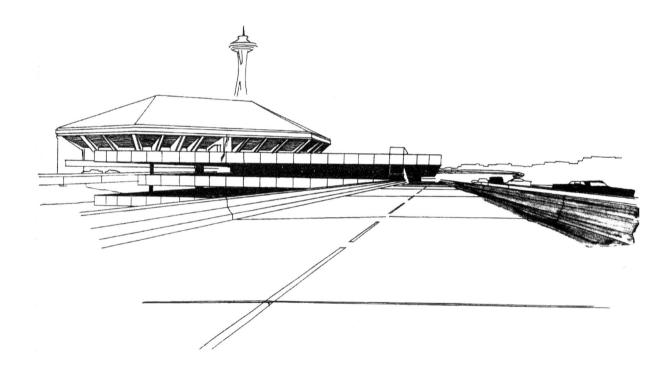

第十五课

建筑抗震

寿刚

1. 地震概述

地震是一种自然现象，地球上板块与板块之间相互挤压碰撞，造成板块边沿及板块内部产生错动和破裂，是引起地震的主要原因。地壳快速释放能量过程中造成振动，期间由震源同时发出纵波和横波。纵波向上传播时，地面物体会产生向上或向下的运动；横波传到地面时会使物体产生左右摇摆的运动。

地球上每年约发生 500 多万次地震，其中绝大多数很小或很远，以至于人们感觉不到；真正能对人类造成严重危害的地震大约有十几次；能造成特别严重灾害的地震大约有一两次。大地震往往造成严重人员伤亡，能引起火灾、水灾、有毒气体泄漏等灾害，还可能造成海啸、滑坡、崩塌等次生灾害。当前的科技水平尚无法预测地震的到来，提高建筑物抗震性能，是提高城市综合防御能力的主要措施之一。

2. 建筑抗震设防概念

建筑抗震设防是在现有的科学水平和经济条件下，对建筑物进行抗震设计并采取抗震措施，使建筑达到"小震不坏，中震可修，大震不倒"

的抗震设防目标（小震指的是多遇地震，中震指设防地震，大震为罕遇地震，这三种地震的重现期分别为 50 年、475 年和 1600~2400 年）。这个目标可以保障"房屋建筑在遭遇到设防地震影响时不至于有灾难性后果，在罕遇地震影响时不致倒塌"。2008 年汶川地震表明，严格按照现行抗震规范进行设计、施工和使用的房屋建筑，达到了设防目标，在遭遇到高于地震区划图一度的地震作用下，没有出现倒塌破坏。

3. 建筑抗震设防类别划分

建筑结构根据其使用功能的重要性分为甲、乙、丙、丁类四个抗震设防类别。甲类建筑为特殊设防类，属于重大建筑工程和地震时可能发生严重次生灾害的建筑；乙类建筑为重点设防类，地震时使用功能不能中断或需尽快恢复的建筑；丙类建筑为标准设防类，应属于除甲、乙、丁类以外的一般建筑；丁类建筑为适度设防类，属于抗震次要建筑。建筑根据其抗震设防类别的不同，分别采用不同的抗震措施。

4. 抗震设防烈度划分

抗震设防烈度指按国家规定权限批准作为一个地区抗震设防依据的地震烈度。一般情况，取 50 年内超越概率 10% 的地震烈度，可采用中国地震参数区划图的地震基本烈度。同一地震发生后，不同地区受地震影响的破坏程度不同，烈度也不同，受地震影响破坏越大的地区，烈度越高。影响烈度的大小有下列因素：地震等级、震源深度、震中距离、土壤和地质条件、建筑物的性能、震源机制、地貌和地下水等。在其他条件相同的情况下，震级越高，烈度也越大。

Architecture Technology

53

5. 抗震措施定义

设防类别不同的建筑在不同的抗震设防烈度的地区分别对应不同的地震作用和抗震措施，也就是说地震作用和抗震措施都是以建筑的抗震设防类别和本地区的抗震设防烈度为依据来界定建筑结构的抗震措施。结构的抗震措施是通过结构的抗震等级来反映，抗震等级根据房屋的建筑抗震设防类别、设防烈度、结构型式、结构高度来划分，共有四个等级，每个等级对应不同要求的抗震措施，等级越高，抗震措施越严格，结构抗震性越好。

6. 抗震概念设计

一个合理的抗震设计，在很大程度上取决于良好的"概念设计"。为了保证结构具有足够的抗震可靠性而对建筑工程结构做的概念设计主要考虑了以下因素：

（1）选择对建筑抗震有利的场地，宜避开对建筑抗震不利的地段，不应在危险地段建造甲、乙、丙类建筑。对于不利地段，结构工程师应提出避开要求，当无法避开时，应采取有效措施。

（2）建筑设计应根据抗震概念设计要求明确建筑形体的规则性。不规则的建筑应按规定采取加强措施；特别不规则的建筑应进行专门研究和论证，采取特别的加强措施；严重不规则的建筑不应采用。

（3）结构材料的选择与结构体系的确定应符合抗震结构的要求，力求结构材料的延性好、匀质性好、充分发挥材料的强度。结构体系应具有明确的计算简图和合理的地震作用传递途径，两个主轴方向的动力特性（周期和振型）宜相近。

（4）宜设置多道抗震防线。地震有一定的持续时间，而且可能多次往复作用，设置多道防线对于结构在强震下的安全很重要。整个抗震结构体系由若干个延性较好的分体系组成，并由延性较好的结构构件连接起来协同工作。如框架—抗震墙系由延性框架和抗震墙二个系统组成。抗震结构体系应具有最大数量的内部、外部赘余度，有意识地建立起一系列分布的塑形屈服区，已使结构能吸收和耗散大量的地震能量，一旦破坏也易于修复。

（5）宜具有合理的刚度和承载力分布，避免因局部削弱或突变形成薄弱部位，产生过大的应力集中或塑性变形集中。

（6）确保结构的整体性，各构件之间的连接必须可靠：

1）构件节点的承载力不应低于其连接构件的承载力。

2）预埋件的锚固承载力不应低于连接件的承载力。

3）装配式结构构件的连接，应保证结构的整性。

4）预应力混凝土构件的预应力筋，宜在节点核心区以外锚固。

7. 隔震和消能减震

隔震与消能减震设计属于建筑抗震设计新技术。隔震设计指建筑物基础、底部或下部结构与上部结构之间设置由橡胶隔震支座和阻尼装置等部件组成具有整体复位功能的隔震层，隔离地震能量向上部结构传递，降低上部结构的地震作用，达到预期的防震要求。消能减震指在建筑物的抗侧力结构中设置消能器，通过消能器的相对变形和相对速度提供附加阻尼，消耗部分地震能量，降低结构的地震作用，达到预期防震减震要求。

美国是开展消能减震设计研究较早的国家之一，早在1972年竣工的纽约世界贸易中心大厦就安装有约10000个黏弹性阻尼器。近几年日本在减震理论研究、设计方法、产品研发以及实际工程应用等方面总体处于领先位置。

我国的工程设计人员自20世纪80年代以来也一直致力于研究消能减震技术。目前已经自行研制出了一些消能装置，提出了一些新型的消能减震结构体系。在众多的减震技术中，隔震技术的减震效果在所有的减震技术中是首屈一指的。

基础隔震技术的使用使建筑在地震中不倒塌真正成为可能，使其成为减轻地震灾害最有效的手段之一，但其应用范围相对较窄，不太适用于超高层或宽度比较大的建筑。消能减震技术的减震效果一般不如隔震技术，但其适用范围非常广泛，地震阻尼器就像汽车上的减震器一样，能把地震产生的剧烈晃动通过能量转换逐渐减小，最终保证大楼不倒，可用于新建结构的减震设计，也可用于现有结构的抗震加固。

目前得到广泛应用的隔震支座类型主要有叠层橡胶隔震支座、滑移隔震支座、摆式隔震支座等；广泛应用的阻尼消能装置主要有铅阻尼器、黏滞阻尼器、磁流变阻尼器等。

第十六课

建筑工业化

张宏

1. 建筑工业化的内容和新概念

（1）建筑工业的目标

在城乡建设领域，推进建筑工业化，本质上是将大量性建筑的建造过程，即建筑材料的生产、建筑各类构件的生产、建筑设备和部品部件的生产（生产、制造过程）以及建筑构件和部品的转运、定位、连接（装配施工过程）等建造过程，转由社会化大生产来协同完成。即由实体经济企业分工协作，完成不同类型建筑的全部或建筑部分主体的建造，形成建筑建造的实体经济协同模式。此协同模式还可进一步延伸到建筑的运营、维护和维修，直到拆除再利用的全过程技术服务，从而实现全生命周期保障建筑的质量、延长建筑使用寿命、全生命周期节能减排的可持续发展大目标。

（2）建筑工业化的主要内容

建筑设计的标准化；

建筑材料、构件、部品部件产业的现代化；

建筑装配、施工的装备化、机械化；

建筑维护、维修的专业化；

建筑全生命周期或主要阶段管理的信息化；

建筑全生命周期的节能减排绿色化；

（3）新型建筑工业化的定义

新型建筑工业化是将建筑的建造、维护和拆除的全生命周期过程，同现代化的建筑产业整体紧密结合，运用信息化的管理和控制方法，实现节能减排目标的可持续城乡建设模式。

2. 建筑工业化与新型建筑学

（1）建筑工业化标准建筑设计

符合建筑工业化建造逻辑的标准化建筑设计，是实现建筑工业化基础，目标是实现建筑建造的工业化。要求在建筑设计的前端就要融入构配件的逻辑和构件成型、定位、连接的技术方法，用建造图补充现行施工图控制实际建造的不足，并且紧密地与工业化大生产模式结合起来，与现代化构配件产业结合起来，与全流程的信息化工程管理结合起来，与建筑的全生命周期节能减排控制技术结合起来。而传统建筑学，从艺术和手工艺体系演化而来，知识结构偏人文。传统建筑师建造技术的理解和应用基于手工模式，建筑性能控制技术的储备也比较弱。所以，实现建筑工业化急需培养能用标准化建筑设计、控制工业化建造流程、实现建筑性能控制和节能减排目标的新型建筑师，需要符合工业化建造和运营模式要求的新型建筑学，从而实现建筑产业转型升级，形成支撑城乡建设可持续发展新格局，进而实现中央政府在城乡建设领域转变发展模式的战略目标。

（2）加强大土木学科基于工业化人才培养的学科整合

新型建筑工业化建筑设计、建造及各个层次的专门化人才的培养，需要调整人才培养的目标。就建筑学而言，必须实现从"图上建筑学"向"地上建筑学"转变，即建筑设计以控制建造为目标，而不是仅仅符合规范。在高等校，一方面，建筑学、结构工程学、材料工程学、设备与能源控制学等组成大土木学科的各个领域，要以工业化建造和建筑性能控制为目标，进行协同科研和教学；另一方面，师资的知识结构要提升到符合新的目标要求，为培养新型的工业化建造和设计人才奠定基础。

（3）加强与建筑及构配件工业化生产企业的合作

师资除了在大土木学科联合培养外，也需要系统地引进企业师资队伍，以第一线的实践经验和理论，构建建造、性能与设计领域的新知识体系，丰富知识结构。从而迅速形成能够培养高水平新型建筑学人才的师资队伍。

（4）从"设计"教学向"建造"教学转变

调整建筑学主干课程的目标，增加用新型的设计控制新型的建造、实现高性能建筑的教学内容。

（5）从单一的"作品"模式向"产品、作品"模式转变

传统建筑学培养作品模式的设计人才，建筑工业化推动的新型建筑学，培养产品模式的设计人才，补充了传统建筑学的内容和新型建筑设计人才的培养。

总之，建筑工业化推动了新型建筑学人才培养模式的产生，推动了新型建筑学的发展，推动了现代化建筑产业的系统化完善，促进了建筑行业实体经济的发展壮大，从而支撑城乡建设的可持续发展。

3. 政策环境

建筑产业现代化是建筑业发展的必由之路。2013年国务院办公厅发布《绿色建筑行动方案》（国办发〔2013〕1号文）把"加快建立促进建筑产业现代化的设计、施工、部品生产等环节的标准体系，推广适合工业化生产的预制装配式混凝土、钢结构等建筑体系，加快发展建设工程的预制和装配技术，提高建筑产业现代化技术集成水平"等作为推进绿色建筑发展的重要措施；《江苏省绿色建筑行动实施方案》（苏政办发（2013）103号文）中提出"大力推广适合工业化生产的预制装配式、钢结构、木结构等结构体系，'十二五'期间全省预制装配式建筑开工面积力争达到1000万平方米以上"，对江苏省建筑产业现代化的发展提出了指标性要求。2014年，江苏省政府出台了《省政府关于加快推进建筑产业现代化，促进建筑产业转型升级的意见》（苏政发（2014）111号文），提出了"以建筑产业现代化为目标，构建标准技术体系、现代化生产体系、监管体系和评价体系。推进装配式建筑、成品住房、绿色建筑的联动发展，以及建筑产业现代化、信息化、工业化、生态文明建设的融合发展"的建筑业发展方向。2015年，江苏省人民代表大会通过了《江苏省绿色建筑发展条例》，要求"建立和完善建筑产业现代化政策、技术体系，推进新型建筑工业化、住宅产业现代化。新建公共租赁住房应当按照成品住房标准建设。鼓励其他住宅建筑按照成品住房标准，采用产业化方式建造"。

第十七课

建筑设计辅助软件

王彦辉

自从 20 世纪 50 年代计算机绘图系统出现以来，计算机辅助设计已经逐步在各行各业中出现，其中尤以建筑设计、电子电气、科学研究、机械设计、软件开发等领域涉猎广泛。而伴随着计算机绘图设备以及计算机辅助设计（Computer Aided Design）系统的日益完善，如今，各种各样基于 CAD 技术衍生出的软件已经与整个建筑设计及其表现的流程高度结合，并发挥着巨大的作用。

根据其在建筑设计与表现的不同环节中所起到的不同作用，基于计算机辅助设计的软件大致可分为：2D 制图软件、3D 建模软件、渲染软件、后期制图软件。此外，近年来如雨后春笋般迅速崛起的建筑信息模型（Building Information Modeling）技术则是高度集成了模型推敲、制图、绘图、出图及渲染成图等多种功能，成为如今建筑市场炙手可热的新兴软件，并呈现不断上升的趋势。

1. 2D 绘图软件（AutoCAD，含天正建筑）

AutoCAD 软件作为早期基于计算机辅助设计技术发展而来的软件，时至今日依旧应用广泛，其在建筑领域的应用主要表现为绘制 2D 建筑平立剖面图。而在实际工作中，基于 AutoCAD 软件衍生出的天正建筑软件则针对国内建筑规范，简化了部分建筑制图的工作量。此外，该软件也在 3D 建模方面有所涉猎。

2. 3D 建模软件

（1）Sketch up（草图大师）

草图大师软件是目前国内建筑设计行业使用最多的建筑建模软件之一。其工作界面简洁，容易操作，便于推敲方案，更改模型。然而其缺点在于针对复杂形体的模型建构稍显薄弱，但通过与大量插件的协同工作，可以简单完成复杂形态建模及渲染等功能。

（2）3D max

该软件作为早期发展而来的建筑建模软件，具有精细度高的特点。然而因其操作相较于草图大师过于复杂，不利于方案推敲而渐渐被其他软件所取代。此外，由于其可以与 Vray for 3D max 等软件协同工作，因此如今大多被用作渲染出图软件。

（3）Rhino（以及 Grasshopper）

犀牛（Rhino）软件最早被工业产品设计领域应用，因为工业产品中大量出现流线型造型，所以该软件主要针对的 nurbs 曲线建模，适合针对复杂或非线性形体进行模型建构。之后随着建筑行业的发展，越来越多的非线性形体的出现，库牛软件被大量应用。此外，与犀牛软件相配套的参数化插件 Grasshopper，是现在应用最多的一个参数化建模插件。

（4）Maya

Maya 软件主要应用于动画和影视特效领域，也有少数的建筑事务所和学校使用 Maya 软件来制作数字建筑模型。

（5）CATIA 和 DP

CATIA 软件早期应用于飞机、轮船、汽车等工业设计，建筑设计只是其中一小部分应用。后经弗兰克·盖里团队将 CATIA 软件进行强化整合，发展出 Digital Project 软件，现被世界上大量先锋事务所采用。

3. 渲染软件

（1）Vray

Vray 软件在建筑设计渲染过程中应用最为广泛，其针对不同建模软件有很多版本，如 Vray for Sketchup、Vray for 3D max、Vray for Rhino 等。Vray 软件渲染速度较慢，对硬件要求较高。但是该软件参数可控，很多参数可以通过一些学习而得到。

（2）Podium

该软件作为一个渲染插件集成到 Sketchup 软件中，具有操作简便，出图迅速的特点，但是渲染效果一般。

（3）Artlantis（亚特兰蒂斯）

该软件作为一款独立于 3D 建模软件之外的独立渲染软件，具有工作界面友好、操作方便的特点；然而其在建筑赋材质过程以及视角转换方面较为薄弱，因此难以成为当前主流渲染软件。

（4）Lumion

Lumion 软件最大特点在于其即时渲染功能，其实时光感效果突出，且易于出图与动画制作。

4. 后期制图软件

（1）Photoshop

Adobe 公司的 Photoshop 软件是目前应用最广泛的后期图片处理工具，可以满足绝大多数的图像处理需求，因此，其在建筑制图出图之后的加工、排版以及分析图绘制等过程中应用广泛。

（2）Illustrator

该软件不同于 Photoshop 软件，是使用最多的矢量制图软件。方便在各类广告、插画，甚至涂鸦中进行应用，且效果较好。此外，该软件可结合 AutoCAD 等软件，相较 Photoshop 软件，可更为快速绘制建筑分析图。

（3）Indesign

该软件同样出自 Adobe 公司，目前大量应用于文本制作、排版。该软件缺少图片处理功能，因此宜结合 Photoshop 与 Illustrator 软件进行建筑图纸的文本表达。

5. BIM（建筑信息模型）

建筑信息模型技术是通过把多学科、多专业、多阶段的建筑技术、施工和设计的过程进行模拟，从而达到多方面的可控。BIM 技术作为多功能的集成整合平台，在实际工程建造、施工进度、设备、暖通，甚至施工预算过程中，可以多方面有效控制和模拟。基于 BIM 技术衍生出了一系列软件。

（1）Autodesk Revit

该软件作为 BIM 技术当前的主打软件，正逐步走进中国建筑市场，并通过一系列竞赛在中国学生中推广，也是未来发展的一个重要方向。其主要特点是将 2D 制图、3D 模型以及建筑制图三者高度结合，从而更为高效地完成建筑设计及制图。然而该软件处理复杂形体的建筑设计辅助能力目前还存在薄弱点。

（2）ArchiCAD

该软件是较为早期发展出的 BIM 软件，在欧洲大量使用。

7.22. Zurich.

瑞士某车站

第十八课

新型建筑材料

齐康整理

1. 新型建筑材料概述

新型建筑材料相对传统的砖、瓦、灰、砂、石等建材而言，是甚于科技发展和节能环保要求而发展起来的，具有传统建材无法比拟的功能，主要包括新型墙体材料、保温隔热材料、密封防水材料和装饰装修材料等。

新型建筑材料一般具有复合化、多功能化、节能化、绿色化、轻质高强化、工业化生产等特点，能够满足现代建筑和市场的需要。从某种意义上说，材料和建筑的结构、形式密切关联，随着新的建筑材料的不断出现，建筑形式、结构体系也将不断朝着更加轻质、灵活、绿色环保、现代化的方向迈进。

2. 新型墙体建筑材料

新型墙体材料主要是用混凝土、水泥或粉煤灰、煤矸石等工业废料和生活垃圾生产的非黏土砖、建筑砌块及建筑板材。目前，主要有三大类新型墙体材料：建筑板材类、建筑砌块类、非黏土砖类。

建筑板材的种类比较多，其特点是轻质、高强、低能耗、多功能，便于拆装、施工劳动效率高、减薄墙体的厚度、降低造价等。如 GRC 轻质多孔条板，具有密度小、重量轻、强度高、韧性好、防水、耐久、不燃、易加工等特点，适用于普通或中档建筑的非承重内隔墙和复合墙体的外墙面；硅酸钙板，具有优良的防火与防水性能、强度高、隔热、隔声、使用寿命长等优点，特别适用于高层建筑内隔墙，经表面防水处理后也可用作建筑物的外墙面板；石膏板具有质轻、耐火、保温、隔声、强度高等特点，广泛运用于建筑物的非承重内隔墙。

以不同材料组成的复合墙体板材能够充分满足墙体的承载与围护要求，其特点是将墙体结构材料和保温材料合二为一，具有轻质、高强、保温、隔音、防火等特点。如钢丝网架水泥聚苯乙烯夹芯板（泰柏板），具有质轻、保温、隔热、隔声、防火、抗震等优点，既具有木结构的灵活性，又具有钢筋混凝土的高强度 和耐久性；可充当各种建筑内墙、外墙、楼板和屋面等。彩钢复合夹芯板，具有外形美观、色泽鲜艳、板型多样、轻质高强、隔声保温、良好的耐候性和抗老化性、施工迅速、经济合理的特点，适用于多层建筑的墙面、屋面。

建筑砌块是一种比砌墙砖大的新型墙体材料。新型砌块由于在生产过程中充分利用工业废渣和地方资源，属于环保型建材，其内部中空及孔隙率高，具有良好的保温隔热效果，是较好的自保温墙体材料。如混凝土小型空心砌块、烧结页岩空心砌块、石膏砌块等，均具有强度高、保温隔热性好、消声隔音、施工便捷 等优点，适用于建筑的非承重内外墙。

非黏土砖类如多孔砖、空心砖，同样具有保

温隔热功能良好、墙体自重轻、施工方便等优点，多用于建筑的隔断墙和填充墙；而混凝土多孔砖还具有强度高、耐久性好等特点，可用于各类承重与保温承重的建筑墙体结构中。

3. 新型建筑幕墙

建筑幕墙是外墙装饰的重要发展方向，由面板和支承结构体系组成，建筑幕墙不分担主体结构所受的荷载和作用，因此在自身平面内可以承受较大的变形，或相对于主体结构可以有足够的位移能力，具有抗震能力强、质轻高强、保温隔热性好、舒适性好的优点。建筑幕墙按面层材料可分为玻璃幕墙、石材幕墙、金属板幕墙，均采用干法施工，可缩短工期，节约人力。

石材幕墙板材除传统的天然石材外，采用节能环保的人造石材是其发展趋势。如水泥纤维外墙装饰板是水泥与有机或无机纤维混合加工而成的装饰板材，采用金属件和螺钉安装的干挂式施工法，在安全性、耐候性、耐久性、隔热性、阻燃性、隔声性、抗震性等方面均具有优异的表现。预制混凝土外挂板，充分利用混凝土可塑性强的特点，可创造出多种不同材质的装饰效果；采用工业化生产，具有施工速度快、质量好等特点，可设计成集外装饰、保温、墙体围护于一体的复合保温外墙挂板，也可以作为复合墙体的外装饰挂板。干挂式空心陶板以绿色环保的天然陶土为原料，具有极强的装饰效果，加工精度高，热工性能、隔声性能好，可广泛应用于大型公建的外墙装饰。

金属幕墙能够形成独特的质感和机理，并具有耐久耐候性好、防水防风效果好、高强质轻、施工快捷等优点，是较为高档的外墙装饰材料。如预制泡沫夹芯金属墙板，具有良好的保温性能和多种装饰效果，板材可弯曲或斜接，能适应复杂的建筑造型。以铝板、铜板、锌板、不锈钢板等金属作为外表面材料的单层金属装饰墙板可与不同的保温材料结合使用，具有良好的装饰效果和耐候抗风能力，可用于重要公共建筑的内墙和外墙，或复合墙体的衬板和面板。

4. 新型屋面材料

屋面的结构层已由传统的钢筋混凝土的重质结构向轻质结构发展。如结构直立缝屋面体系，选用镀锌或镀铝锌钢板、光面或浮雕表面钢板、铝合金板材或不锈钢板材作为基层板材，可弯曲以适应复杂的屋面构造；其强度高，耐候性和热工性能好。蒸压轻质加气混凝土屋面板，以水泥、石灰、硅砂为原料形成屋面板材，具有轻质、高强、隔热、隔声、施工安装便捷、能适应大的层间变位、抗震效果好等特性。适用于各种平、坡屋面、网架屋面等。聚碳酸酯阳光板以透光率高、节能、质轻等特点适用于公共建筑的屋面采光系统。

屋面防水材料向防水和保温复合化的轻质防水系统发展。如威达屋面防水系统和雨虹防水系统，可在混凝土和压型钢板基层上使用，并充分满足防水和保温的要求。防水材料也向耐候、耐温、耐久的方向发展。如自粘橡胶沥青防水卷材，具有独特的蠕变性和自愈性，受到穿刺破坏后能自行愈合，并与基层具有良好的粘结性能。金属高分子复合防水卷材是将金属箔、高分子材料及织物加强层一次复合成型的复合防水卷材，集防水、耐根穿刺功能于一体，耐老化、耐腐蚀性能优异,可用于屋顶花园、地下室顶板绿化的防水层。纳米超强弹性防水涂料是一种超强弹性的水性胶料,具有耐候性强、使用寿命长、延伸率高、无毒环保等特点,可在混凝土、玻璃、陶瓷、金属等材质表面使用。

5. 新型节能门窗及玻璃幕墙

门窗及玻璃幕墙是建筑物重要的围护部分。能够配合墙体减少室内的能源损失,起到一定的保温隔热作用。新型节能门窗和玻璃幕墙从门窗材料、窗型选择、遮阳措施等方面进行优化,同时兼具门窗的耐久性、隔声性、装饰性等综合性能。

为提高门窗、玻璃幕墙的保温性能,新型节能门窗采用中空玻璃、充惰性气体 Low-E 中空玻璃、两层或多层中空玻璃等材料,同时门窗及幕墙的型材采用金属—木(塑)复合型材、塑料型材、隔热钢型材、玻璃钢型材等。如断桥式铝塑复合型材解决了铝合金门窗传导散热快、保温隔热性能差等缺点,同时也解决了推拉窗密封不严的问题,在保温、隔声、气密、水密、防火等方面的性能均达到了较高的要求。为提高门窗、玻璃幕墙的隔热性能,节能门窗常采用吸热玻璃、镀膜(包括热反射镀膜、Low-E 镀膜、阳光控制镀膜等)玻璃,为进一步降低遮阳系数可采用吸热中空玻璃、镀膜中空玻璃等。

6. 新型绝热材料

绝热材料可分为保温、隔热材料。绝热材料在民用建筑中主要应用于墙体保温、屋面保温及隔热。新型绝热材料的发展,对实现节能降耗具有至关重要的作用。

墙体特别是外墙的传热在建筑物总体传热中所占比例最大,因此,采用高效的保温材料对建筑外墙进行隔热是主要的节能措施之一。新型外墙外保温技术以特定的材料组成和构造形式,已形成安全可靠、技术成熟的系统,隔热节能效果明显优于内保温,且同样可以塑造各种外装饰效果,综合经济效益显著,适用范围广泛。如聚氨酯硬泡复合板保温装饰一体化系统,具有良好的保温、耐腐蚀性能、优异的防火和装饰性能,杜绝了饰面开裂及脱落现象,适用于新建建筑及旧楼改造的外墙保温。金邦板外墙外保温系统由龙骨、保温材料、金邦板构成,根据节能设计要求选用不同的保温隔热材料,是一种集保温隔热性、装饰性于一体的新型墙体材料。无机保温砂浆以砂、石分离回收再利用生产而成,属良好的环保材料,具有节能利废、保温隔热、防火防冻、强度高、耐老化的性能优异以及价格低廉等特点,有着广泛的市场需求。

屋面隔热防渗涂料是一种新型的屋面防水隔热材料,将隔热防渗功能合二为一,节能降耗效益明显,并具有抗裂防渗性、耐磨性、耐候性、耐洗刷性和粘结性优异等特点,特别适用于高温多雨地区建筑屋面的隔热防渗。

7. 新型吸声与隔声材料

根据材料吸声和隔声的不同原理,吸声与隔声材料在材质上有显著的区别,吸声材料的材质具有多孔、疏松和透气的特点,即多孔性吸声材料,如玻纤吸声板采用优质的超细玻纤为原料,在环保性能、吸声性能、防火性能、防污性能、保温性能等方面达到了较高要求。而纺织材料以其多孔的疏松结构、良好的可加工性以及材料轻薄等特点，成为吸声隔声领域的一个研究热点。如 SoundTex 吸声无纺材料除满足良好吸声要求外还具有良好的透气性、加工和安装简便、能适应于各种形状的基层等特点，广泛应用于各种穿孔吸声材料的背面。

隔声材料的材质重而密实，如隔声毡以高聚物为基料，制成隔声降噪材料，能阻燃、防潮，在抗张、抗压、弯曲半径、应力开裂等方面性能均优于传统材料。虽然吸声和隔声原理上有着本质上的区别，但在具体的工程应用中，却常常结合在一起，并发挥了综合的降噪效果，吸声材料和隔声材料组合使用，或者将吸声材料作为隔声构造的一部分，其结果表现为隔声结构隔声量的提高。

8. 结语

新型建筑材料以多样化、科技含量高、发展推广速度快、与环境协调性强等优势，在市场和社会中的需求日益增多，呈现出良好迅猛的发展势态。建筑材料决定了建筑形式和施工方式，新型建筑材料的出现，可促使建筑形式的发展、结构形式的改进和施工技术分类革新。理想的建筑材料应使所用材料能够最大限度 地发挥其性能，并能合理、经济地满足各种建筑功能的要求。因此，建筑师应在可持续发展、资源有效利用、保护环境的前提下合理选用建筑材料，并促进新型建筑材料的不断发展。

意大利罗马埃墨纽尔二世纪念碑

第十九课

城市道路照明

翁季（重庆大学）

城市道路照明的目的是在夜间为机动车、非机动车驾驶员以及行人创造良好的视觉环境，达到保障车辆、驾驶员、行人安全，减少交通事故，提高交通运输效率，方便人民生活，防止犯罪活动和美化城市环境的效果。在夜间驾驶过程中，仅依靠机动车前照灯系统来提供上述视觉信息是不够的。用前照灯照明，路面大部分没有被照亮，仅障碍物被照亮，司机看到的只是一个较亮的障碍物的外形，会经常注意其他地方是否还会存在着障碍物，被迫长时间处于紧张的状态；同时在没有安装道路照明的路段还会遭遇对面车辆的眩光。因此，在交通量多的道路和高速行驶的道路上，为了保证夜间行车安全，必须设置道路照明。

1. 道路照明质量的评价指标

驾驶员在行驶过程中对停车、超车的判断，识别道路走向和交叉路口，辨认交通标识，对障碍物和行人穿越的反应，所有这些均来自良好的视觉可靠性，既要保证很好的视觉功效，又要让这一高标准的视觉可靠性得以长期维持，并避免承受过高的视觉不舒适。因此，视觉可靠性是由影响照明参数的两个部分组成，即视觉功效和视

舒适。二者是机动车交通道路使用者对照明质量的基本要求。因此，评价道路照明质量的好坏应以"能获得多少视觉信息"和"能否舒适地获取视觉信息"来评价，并且尽量能够进行量化。

道路照明质量的评价指标目前大致上可以划归为三类：（1）影响觉察障碍物的可靠性，即影响视觉功效的评价指标，它包括路面平均亮度、路面亮度总均匀度、度量失能眩光的相对阈值增量、小目标可见度和照明诱导性。（2）影响驾驶员的视觉舒适感的评价指标，它包括路面平均亮度、路面亮度纵向均匀度、度量不舒适眩光的眩光控制等级及照明诱导性。（3）控制道路照明能耗的评价指标，即道路照明功率密度，它与路面平均亮度关系密切。由此可知，路面平均亮度是一项非常重要的指标，在进行道路照明设计时首先必须满足此项指标。亮度总均匀度和纵向均匀度相比，前者更加重要，在条件受到限制时，应尽可能满足总均匀度的要求。小目标可见度是对驾驶员的视觉可靠性起综合影响作用的评价指标，它的考虑范畴比亮度设计更为广泛，更接近人们真实的视觉条件，是道路照明质量评价的发展方向。

2. 道路照明的光源与灯具

（1）光源

机动车交通道路照明的光源主要应该采用高强度气体放电灯，即高压钠灯、低压钠灯、高压汞灯和金属卤化物灯。高压钠灯以其所具有的高光效、长寿命、稳定的性能以及多种规格类型等特点，成为道路照明中的主流光源，特别是在各类城市机动车道路上都会优先采用高压钠灯，在

人行道路、居住区道路、城市广场等场所，高压钠灯也是照明设计中一种重要的备选对象。低压钠灯具有高光效、显色性差的特点，主要是用于郊外道路、高速公路、隧道等对光色没有要求的场合，并常用于纵向悬链式照明中。高压汞灯价格低廉、耐候性相对较好，适宜于在一些次要道路上使用，但其光效较低，不宜在城市的主要道路上使用。金属卤化物灯以其较高的光效、良好的显色性能、较长的光源寿命等优点，适用于对显色性和光色有较高要求的人行道路、商业步行街、居住区道路、商业区道路、城市广场等场合，相比于高压钠灯，金属卤物灯具有更丰富的光谱构成，可以用较低的照明标准值达到同样的视觉功能，可以起到改善视觉环境和降低光污染的效果。

（2）灯具

在普通的常规道路路段，应该采用常规道路照明灯具，常规道路照明灯具按照其配光分为截光型、半截光型、非截光型三类灯具。基于光源光效的合理运用，在快速路、主干路上必须采用截光型或半截光型灯具；次干路上应采用半截光型灯具；支路上也可以采用半截光型灯具。在宽阔的道路中若采用高杆照明方式，应选择配置光束比较集中的泛光灯。

3. 道路照明的方式对照明质量的影响

道路照明的方式包括灯具的布置方式；灯具的安装高度、间距、悬挑长度和仰角；光源的类型和规格；灯具的类型和规格等。道路照明方式是获得良好的照明效果的关键。目前世界上采用较多的道路照明方式有灯杆照明方式、链式照明

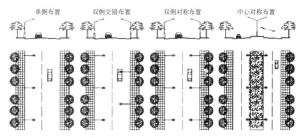

图1　灯具布置基本形式

方式、高杆照明方式、栏杆照明方式，而我国机动交通道路连续照明主要采用灯杆照明，其灯具布置的基本形式有单侧布置、双侧交错布置、双侧对称布置、中心对称布置（图1）。采用灯杆照明时，还应考虑灯具安装高度、灯具间距、悬挑长度及仰角等灯具安装参数。

在道路照明设计中，最终必须依靠照明方式来产生良好的照明质量。照明方式对照明质量的影响规律如下。

（1）增加光源

增加光输出将使路面平均亮度成比例增长，亮度均匀度没有变化，由于对比度没有发生变化，小目标可见度仅小幅度增长，同时，引起照明功率密度值的成比例增长。因此，在道路照明设计中，单纯增加光源的数量或功率对道路照明的安全性是没有多大作用的。这一理念对于道路照明节能具有重要的意义。

（2）改变灯具间距

增加灯杆间距将使路面平均亮度成比例下降，亮度均匀度随灯杆间距的增加而减少，小目标可见度则大幅度增长，照明功率密度值成比例下降。因此在设计中，适当增加灯杆间距以提高道路照明可见度水平，既保证了道路照明的安全

可靠，又可以节约初期投资，降低照明功率密度值，节约能源，符合道路照明的可持续发展观。但是，路面必须具有一定的亮度水平以降低迎面来车前照灯的眩光影响，否则交通事故率将随路面亮度进一步的下降而上升。

（3）改变灯具安装高度

增加灯具安装高度虽使路面的亮度均匀度得到改善，但降低了路面平均亮度，小目标可见度大幅度减少。因此，在道路照明设计中，在满足必要均匀度的前提下，适当降低灯具安装高度有利于提高可见度水平，节约初期投资，并且在照明功率密度值不变的情况下增加照明设施总效率。

（4）改变灯具悬挑

在道路照明设计中，增加灯具悬挑对道路照明的路面亮度和小目标可见度的作用较小。

（5）改变布灯方式

灯具由单侧布置改为双侧对称布置时，在灯具间距相同的情况下，路面的平均亮度、亮度均匀度得到改善，但小目标可见度增加幅度不大，照明功率密度值增加一倍。因此在路幅不宽的道路上，满足必要路面亮度的前提下，采用同样的光源数量，宜采用单侧布置，每个灯具设两个光源，虽然亮度均匀度下降，但能满足规范要求；小目标可见度虽略有下降，但这种设置只需在道路单边布线，灯杆数量也只有原来的一半，大大节约了初期投资。

若保持整套照明系统灯具光输出基本不变，照明功率密度不变，则灯管间距应随不同布灯方式发生变化。在此情况下，四种布置方式的路面亮度基本一致，除单侧布置方式外的小目标可见

度都比较理想，中心对称布置方式的可见度最大。但从整体来看，双侧交错布置既有较好的可见度，又具备较好的均匀度，是最佳的布置方式。在英美等国家，道路照明较多采用双侧交错布置，我国则较少采用，在达到同样的路面亮度的前提下，双侧交错布置能提供较好的可见度与均匀度，这是值得我国的道路照明设计者借鉴的。

4. 道路照明设计要点及步骤

（1）道路照明设计要点

1）所用光源灯具应体现该道路的特征。如位于城市核心区域的干道，应用光色简洁明快的金卤灯或高显色性高压钠灯，以便创造一个庄严壮观、明亮优美的夜景效果。

2）灯饰的造型和外观色彩要求美观简洁，功能合理。

3）路面的照明不仅具备适宜的亮度，还讲究亮度分布尽量均匀，并严格限制眩光。

4）道路两侧的树木照明、小品照明、霓虹灯、灯箱广告、有关交通标识（包括反光漆和涂料）均应统一规划和设计，以便创造完整的夜间照明效果。

（2）设计内容

1）选择并确定灯具布置方式（依据道路类型、级别、设计标准要求以及现场状况）。

2）确定光源类型及功率。

3）确定灯具类型。

4）确定灯具的安装参数（包括安装高度、安装间距、悬挑长度、灯具仰角等）。

5）确定镇流器以及其他点灯附件的规格类型。

6）确定照明控制方式。

（3）设计步骤

首先根据道路系统的分类或等级选择适宜的亮度和可见度标准；其次试选光源和灯具，初步确定道路照明方式；然后按照路面亮度标准和可见度标准要求对各项指标分别进行照明计算；最后以路面亮度标准和可见度标准评价照明系统，并通过调整以达到满意的路面亮度或可见度。

5. 结语

随着科学技术的发展、进步，新的道路照明研究成果和产品不断涌现，对于进一步提高道路照明水平起着很好的推动作用。随着我国城市化进程的不断加快，城市道路建设飞速增长，能源紧张和环境污染问题日益严重，这也对道路照明提出了更高的要求，我们应以科学的态度进行道路照明建设，既要保障城市交通系统高效运行，又要合理地节约能源并保障城市环境舒适宜人。因此，科学合理地进行道路照明设计十分必要。

西班牙圣家族大教堂

第二十课

城市雾霾及其治理

杨林军

1. 城市雾霾污染现状

雾霾是雾和霾的组合词，常见于城市；在相对湿度较高时（280），细水滴与固体细颗粒物通常同时存在，并发生相互作用，加速污染的发生；为了便于监测和发布数据，我国大多将把霾并入雾一起作为灾害性天气进行预警预报，统称为"雾霾天气"。雾与霾（雾霾）在肉眼感觉及形成条件均存在显著差异。通常，雾的颜色是乳白色、青白色，边界很清晰，厚度只有几十米至200米；霾则呈黄色、橙灰色，与周围环境边界不明显，厚度达1~3km。此外，雾有随着空气湿度的日变化而出现早晚较常见或加浓，白天相对减轻甚至消失的现象，霾则变化不大。在形成条件方面，出现雾时空气要具备较高的水汽饱和因素，而霾（雾霾）则主要是由于出现不利于污染物扩散的静稳天气及因向环境空气排放大量的污染物，导致空气中PM2.5浓度偏高共同作用的结果。静稳天气条件下，水平方向静风现象增多，不利于大气中悬浮微粒的扩散稀释，容易在城区和近郊区周边积累；同时，垂直方向上出现逆温，较暖而轻的空气位于较冷而重的空气上面，形成一种极

其稳定的空气层，逆温层好比一个锅盖覆盖在城市上空，使得大气层低空的悬浮微粒难以向高空飘散而被阻滞在低空和近地面。

目前，雾霾已成为我国突出的大气环境问题和重大民生问题。鉴于PM2.5重大的环境和健康影响，2012年2月29日我国将PM2.5指标（年平均：35）$\mu g/m^3$，24小时平均：$75\mu g/m^3$）纳入新修订的《环境空气质量标准》（GB 3095–2012），该标准相当于世界卫生组织（WHO）推荐的第一过渡阶段目标值。

2. 城市雾霾污染特征

雾霾污染特征与PM2.5时空分布存在密切关系，后者又取决于气象条件（如风速、气温、大气稳定度等）、污染源分布等因素。

（1）PM2.5时间分布特征

日变化：一般来说，PM2.5浓度的日变化通常会出现两个峰，一个在早上，一个在晚上；这既与气象环境有关，又与人为活动有关。

气象因素：PM2.5浓度随温度变化有一定的负相关性，即PM2.5浓度大多随温度升高而降低，随温度下降而增加；同时早晚上下班高峰汽车尾气污染较重。

季节变化：PM2.5最高值通常出现在12月份、1月份，主要与此期间易出现不利PM2.5扩散的气象条件（如静稳天气）有关，这也是严重雾霾天气通常发生在此期间的主要原因。

（2）PM2.5空间分布特征

由于PM2.5对气流的更随性好，不同高度处的PM2.5浓度间有着较好的时空相关性，各类排放源所释放的污染物，随着空气的扩散在一定区

73

域发生混合、叠加。同时，PM2.5 主要分布在大气混合层内，混合层主要是日出后地表受热，热空气上升，冷空气下降，对流逐渐加强，造成各种性质近乎均匀的混合；在混合层内的颗粒物，基本均匀分布。因此，除在建设工地与交通主干道周围、地表裸露地区，近地面颗粒物浓度相对较高外，其余场合差别不大，基本不存在离地某个高度区域颗粒物浓度特别大的情况；有监测数据表明，300~500m 垂直范围内的 PM2.5 分布基本均匀。此外，PM2.5 垂直分布特性与气象条件也存在较大关系，在大气扩散条件好的情况下，因有利于不同高度处的颗粒扩散混合，差别相对较小。

针对城市街区而言，PM2.5 分布又受街区建筑物特征、气象因素、污染源等影响。高层建筑较为密集或者楼与楼的间隙不足，空气的流动性较差，容易造成 PM2.5 的城市中 PM2.5 易聚集、难消散的区域通常也是空气流动和扩散不畅的区域，如四周高楼林立、四面环山等。在相同的气候条件下，城市中 PM2.5 含量通常呈现交通干线≥工业区≥商业区≥居住区≥郊区的特点，如图 1 所示。鉴于不同的建筑街道布局，会产生相应的气流模式，通过优化建筑物的分布，合理运用城市通风，可在一定程度上减少高浓度污染物分布区域。

（3）雾霾污染的区域性特征

针对城市不同局部区域，PM2.5 浓度会存在一定差异，但就整个城市区域及相邻城市而言，由于 PM2.5 粒度细小，对气流的跟随性好，加上污染源分布广泛，缺乏必要的缓冲地段，PM25浓度分布又呈明显的区域性分布特征（图 2），特别是在出现严重雾霾天气时。

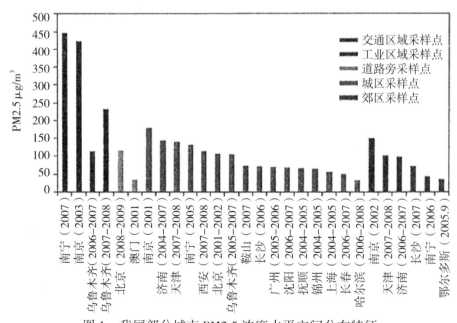

图 1　我国部分城市 PM2.5 浓度水平空间分布特征

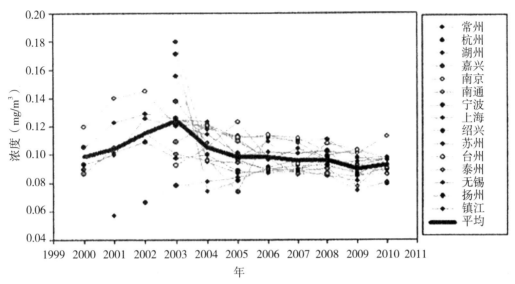

图 2　颗粒物污染的区域性特征（以长三角地区为例）

3. 城市雾霾成因

PM2.5 是导致雾霾天气的主要原因，包括以颗粒物形式直接向大气排放的一次颗粒物和排放的 SO_2、NO_x、VOCs 等气态污染物（前体物）间及气态污染物与颗粒物间在空气中转化生成的二次颗粒物。一次、二次颗粒物所占比例与所在地区及气象条件有关。我国大气 PM2.5 组成通常包括有机物、硫酸盐、硝酸盐、铵盐等。工业排放、机动车尾气、建筑扬尘是导致环境空气中 PM2.5 浓度增加的主要污染源，其中工业排放是最主要来源，据环境统计年报（2012 年），2012 年中国大陆 SO_2、NO_x 和烟（粉）尘排放 2117.6 万吨、2337.8 万吨和 1234.3 万吨，其中 SO_2 的 90.3%、NO_x 的 70.9%、烟尘的 83.4% 来自火电、钢铁、建材等主要用能行业排放；火电、钢铁、水泥、冶金、石化、化工是导致大气中 PM2.5 浓度增加的六大重点行业。

城市雾霾是自然因素和人为活动共同作用的结果：

一是污染物排放负荷巨大：目前，我国煤炭消耗量、钢铁产量、水泥等主要建材产量、汽车保有量均位居世界第一，SO_2、NO_x、粉尘等污染物排放量均远超出环境承载能力。分析表明，雾霾天气严重的地区大多是电力、钢铁、水泥、石化等高能耗行业相对较为集中的地区，大中城市空气污染开始呈现煤烟型和汽车尾气复合型污染的特点；京津冀、长三角、珠三角地区雾霾频发与其污染物排放强度高存在密切关系（约为内地的 6 倍）。

二是复合型大气污染日益突出：受大气环流及大气化学的双重作用，城市间大气污染相互影响明显，相邻城市间污染传输影响极为突出。

三是不利气象条件造成污染物持续累积：雾霾天气发生时，大气扩散条件非常差，污染物排放在低空不断积累；同时，由于雾霾天气的湿度较高，雾滴与细颗粒物两者相互作用，迅速推进污染形成。

究其深层次原因，可归纳为：（1）经济发展方式粗放，产业布局不合理，单位 GDP 能耗过大；（2）能源结构不合理，煤炭在我国能源消费中的比重过大，占 70% 左右；（3）机动车污染日益突出。

4. 雾霾的影响及自我防控措施

（1）雾霾的影响

雾霾的影响主要体现在两方面，一是导致大气能见度降低；有研究表明，能见度与 PM2.5 总体呈对数负相关关系，同时，能见度受相对湿度影响较大，较高的相对湿度会明显恶化能见度；自 20 世纪 70 年代以来，我国大气能见度已呈较显著的逐年下降趋势。二是影响人体健康；通常，颗粒物的大小决定了它们最终在呼吸道中的位置，较大的颗粒物会被纤毛和黏液过滤，PM10 可以穿透这些屏障到达呼吸道；PM2.5 则会通过呼吸进入人体肺泡甚至血液循环系统（又称可入肺颗粒物），由于粒径细小、比表面积大，易于富集多环芳烃、多环苯类、病毒和细菌等有毒物质，以及痕量有毒重金属元素，一旦在人体内沉积将产生严重的危害。据报道，PM2.5 对呼吸系统、心血管系统、血液系统、生殖系统均会产生不同程度的影响。

（2）雾霾天气的自我防护

出现严重雾霾天气时，适当采用以下措施可减轻对人体健康的影响：

1）减少户外活动；如果必须外出，佩戴防护用口罩，普通口罩对于 PM2.5 作用有限，需要使用医用 N95 口罩；

2）做好个人卫生；外出回家后要及时洗脸、漱口、清理鼻腔，去掉身上所附带的污染残留物；

3）雾霾天宜清淡饮食；

4）注意室内环境卫生，尽量减少室内空气污染源；室内选择性地种植一些对室内空气污染物有较好吸收作用的花草，例如芦荟、吊兰和虎尾兰；

5）尽量不要开窗通风；确实需要开窗透气的话，应尽可能避开早晚雾霾高峰时段，可以将窗户打开一条缝通风，时间每次以半小时至一小时为宜；

6）合理选择使用空气净化器和新风系统。

5. 城市雾霾治理措施

雾霾治理是一项复杂的系统工程，在污染物控制对象上，需对 SO_2、NO_x、PM、VOCs 等多污染物协同控制；在控制领域上，需对工业源、移动源、面源等多污染源综合控制；在控制方式上，需实行区域联防联控；在控制理念上，需由以排放量削减为导向的总量控制转为以环境质量达标为导向的总量控制；并充分发挥政府引导、公众参与作用，加强环保宣传，增强公众的环保意识，鼓励公众全民参与。

针对不同污染源还需制定出切实可行的防治措施：

（1）工业污染源：

1）对现有废气排放企业加强监管，确保重点污染源废气治理设施正常运行、稳定达标排放；

让企业的违法成本远远高于承担环保责任所付出的成本，由此来加强企业的环保意识；

2）加强空气污染治理新技术的研发及推广应用工作；

3）转变能源消费结构，实行煤炭总量控制，大力发展清洁能源；在特大型城市核心区域应实行能源无煤化；

4）转变经济发展模式，调整产业结构，淘汰高能耗、高污染的落后产能。

（2）移动源：

1）提升车用燃油品质，加速淘汰高排放老旧机动车辆（如黄标车）、严查污染严重且冒黑烟车辆营运，发展公共交通；

2）加强机动车尾气治理技术的推广应用和研发。

需要指出的是，雾霾治理是一项长期过程，要使 PM2.5 日均和平均浓度全面达标不可能一蹴而就；污染治理面临诸多困难、挑战，实现污染物排放显著减少需要较长时间；产业结构优化升级面临技术发展水平、百姓就业等诸多问题，不可能一簇而求；调整能源结构、增加清洁能源供应、控制煤炭消费总量，不可能一步到位，在今后相当长的时期内，我国以煤、石油等化石燃料为主要能源的国情无法改变。此外，目前雾霾治理主要局限于污染物排入大气环境前，一旦排入大气环境，很难加以控制，国外也没有好的措施，主要还是靠天气。

目前，雾霾治理已引进了各级政府部门的高度重视，2013 年 9 月，国务院颁布了《大气污染防治行动计划》，提出了防治大气污染（雾霾）的十条措施（也称"气十条"、"国十条"）。针对大气污染防治尚存在"底数不清、机理不明、技术不足"等瓶颈，环境保护部于 2013 年 10 月正式启动《清洁空气研究计划》，同时，各级地方政府陆续颁布出台地方大气污染防治计划。

福建崇武海螺塔

第二十一课

建筑垃圾分类

黄瑛

1. 国外城市垃圾分类收集概况

世界各国的城市管理人员和许多专家一直在为寻找城市垃圾的出路而努力。尽管人们发现垃圾填埋与垃圾焚烧是城市垃圾处理的有效方式。但焚烧设备的投资与运营费用过大，许多发展中国家的城市无力负担。填埋的运行费用较小，但由于土地资源日趋贫乏，要找到合适的填埋场地已越来越困难。

人们逐渐认识到，解决城市垃圾的出路在于对垃圾进行回收利用，从而减少垃圾的产生量。西方发达国家曾投入大量的人力物力研究机械分选工艺技术。研究结果表明，任何一种先进的垃圾机械分选工艺，都离不开一道关键工序：人工手选。这使人们明确地认识到，从城市垃圾产生源头进行分类收集是实现垃圾减量化和资源化的最优选择。

发达国家的垃圾分类收集工作一般从有毒垃圾和大件垃圾的分类收集开始，目前有的按可燃、不可燃分，有的按资源、非资源分，英国、日本、德国等国已实现全面垃圾分类收集。垃圾的全面分类收集需要城市居民的全面配合，同时要求配置全面的城市垃圾分类收运处理系统，是一项长期艰难的工作。发达国家开展垃圾分类收集工作已有数十年历史，下面介绍德国、法国和日本的垃圾分类收集情况。

（1）德国城市垃圾分类收集

德国在20世纪90年代初就提出了"封闭物质循环"（closed substance cycle）的概念，并在1996年颁布了新的《封闭物质循环与废物管理法》。其核心思想是促使生产者对其产品的整个生命周期负责，即"从摇篮到坟墓"的全过程管理。

在"封闭物质循环"思想的影响下，在德国工业联盟和德国工商企业协会的支持下，相关生产企业和销售商自发地组织成立了一个"二元废物处置系统公司"（Dual Disposal System），简称二元系统。整个二元系统的运行费来自生产企业和销售商被授予环境绿点标志（green dot）时收取的注册费。为了鼓励居民进行废品回收工作，二元系统为每个居民住宅和小型团体用户配置了专门的黄色垃圾袋或黄色垃圾桶，凡是商品包装上印有绿点的垃圾，均要求投入这个黄色垃圾桶内，并可免费收走。而用于容纳普通生活垃圾的黑色垃圾桶的收集费用要由居民自己承担。近年来，在黄色垃圾桶的基础上，又增加了用于收集纸张的蓝色垃圾桶和收集有机垃圾的绿色垃圾桶。绿色垃圾桶放置于居民住宅区的房前屋后，用以收集厨余垃圾和庭院垃圾。

另外，为了满足垃圾分类收集的需要，还在住宅小区公共广场和其他公共场所设置了垃圾分类收集点。收集点内设置有不同类型的垃圾分类收集容器，用于收集不同类型的纸张、塑料、玻璃等可回收利用的废物和有毒有害垃圾。为了配合垃圾分类收集，许多城市建有垃圾分选中心，对分类收集好的垃圾进行分类包装，运往废物回收企业回收处理。德国为提高垃圾收运效率，制定了垃圾车收运线路图，图上标明车辆收集路线、容器设置地点和容器数量，司机只需按图进行收运工作。

二元系统回收的废物主要为金属、塑料、纸张等的混合废物。在垃圾分选中心，垃圾首先进入磁力分选工序，用以分离铁质金属；剩余废物被放入水中搅拌，可溶性废物（以纸浆为主）溶入水中，经清洗和纸浆分离工序，纸浆得以分离；剩余废物经干燥后，通过气流风选系统，分离掉塑料袋等轻组分；最后，剩余废物进入人工分选工序。

二元系统逐步发展，如今已经覆盖了德国工商界几乎所有的行业，印有绿点标志的产品在德国商场中占据了大部分的比例，也从这些小小的绿点上感觉到了自己作为消费者对废物回收所负的责任。

（2）法国城市垃圾分类收集

法国于20世纪80年代中期开始对垃圾分类收集的可行性进行全面深入的研究，并开始对有毒有害垃圾和大件垃圾进行分类收集。进入20世纪90年代以来，法国各城市在不同程度上实行了垃圾的分类收集，许多城市在不同地点和场所，设置了不同类型的有用物质和有毒垃圾分类收集容器，以满足城市垃圾分类收集和收运的要求。

在对垃圾实行较为严格分类收集的城市里，均对垃圾收集容器和收运设备设施重新进行了改造配置。为了满足垃圾分类收集的需要，配置了各种类型的垃圾收集容器，并建造了住宅小区垃圾分类收集站。在这种垃圾收集站内，设置有废玻璃瓶收集箱、易拉罐收集箱、废塑料收集箱、废纸和废纸板收集箱，此外，还设置了回收废机油的回收油罐和回收废电池、废荧光灯管等有毒有害物资的收集槽。垃圾分类收集通常会增加垃圾收集运输费用。但如果居民自愿积极配合，垃圾分类收集的费用反而比垃圾混合收集费用低。

垃圾分类收集后，一部分可回收利用的物质如废玻璃和废机油等由废物回收企业定期收集后运往回收处理厂，另外的垃圾被运往位于城郊的垃圾分类转运站集中后再由废物回收企业回收处理。城市垃圾最理想的收集方式是居民志愿分类收集，采用这种收集方式，不仅可以实现垃圾分类，而且节省了垃圾收集费用。

（3）日本城市垃圾分类收集

日本大部分城市街道和乡村都将生活垃圾分为可燃垃圾和不可燃垃圾，再将其他的垃圾分为粗大垃圾（如废家具、废电器）、有害垃圾（如电池、荧光灯等）和资源垃圾（如矿泉水瓶、易拉罐、硬纸板、报纸等）进行分类收集（图1）。市政府环卫部门对垃圾收集的频率一般是一周两次收集可燃垃圾，一周一次收集不可燃垃圾，粗大垃圾、资源垃圾、餐厨垃圾一个月里各定期收集两次。收集的具体日期都制作成挂历，免费发给市民和村民。市民和村民在指定的日子将对应垃圾扔在小区内设定的小型垃圾投置场所。而有害垃圾一般在小区管理处有指定地方收集。

资源垃圾的收集分为"多品目分别收集"和"资源集体收集"两种。"多品目分别收集"是将易拉罐、矿泉水瓶子、玻璃瓶、报纸、书籍、硬纸板等资源分别在不同的日子收集。这种方式可以实现高品质的资源回收，但是市民和村民所费的功夫大，收集效率低。但是目前日本主要采取这种收集方式。"资源集体收集"则是市民把所有的资源垃圾混合起来放入垃圾袋里扔出，环卫部门收集到专门的资源化处理中心进行手工或机械分选。这种收集方式收集效率高，但是很容易出现不同垃圾混杂、破裂污损。

日本从 20 世纪 70 年代后期对垃圾分类收集进行了普及，其背景是制定了《容器包装回收法》。

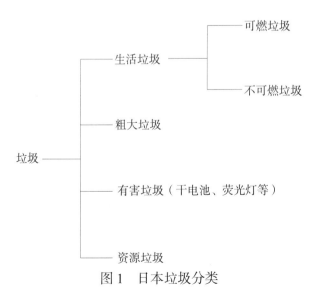

图 1　日本垃圾分类

但是每个城市还是根据本城市的垃圾处理设施的具体不同而进行不同的垃圾分类。比如有的城市有餐厨垃圾的专门处置中心，则该城市会单独收集家庭的餐厨垃圾，不具备餐厨垃圾专门处置中心的城市则将餐厨垃圾归到普通生活垃圾里收集。有的城市将塑料归为可燃垃圾，有的城市则归为不可燃垃圾，这主要是根据本城市垃圾的热值高低制定的，如果垃圾热值比较低，则将塑料归为可燃垃圾来提高垃圾热值。当然现在更普遍的是将塑料归为不可燃垃圾，因为塑料混入其他垃圾再焚烧处理会导致二噁英产生量的大幅度提高。日本之所以要减少使用超市里的塑料购物袋，也是为了减少二噁英的产生。

2. 我国城市垃圾分类收集概况

近年来，我国许多城市已经开始了城市垃圾分类收集的试点工作，如深圳、广州、北京、上海等地。这些城市从垃圾分类收集到分类处理的系统配套，提出了不同垃圾分类收集处理方案。我国属于发展中国家，城市居民生活水平较低，而且具有勤俭节约的传统。城市垃圾中可再利用的物质一般由居民自行分类和集中存放后，出售给个体废物回收者并进入废物回收系统。目前我国的废物回收行业已初具规模，相当一部分的城市垃圾经过由废物回收系统得到资源化和减量化处理。

但是我国城市对于粗大垃圾、大型家电垃圾、餐厨垃圾、电池、荧光灯管的分类收集还做得非常不够。而且很多城市也没有大型家电垃圾、餐厨垃圾、电池、荧光灯管等特定分类垃圾的最终处置设施。有的城市尽管市民辛苦地将电池等有

Architecture Technology

害垃圾收集起来了，但到了垃圾中转站、垃圾填埋场或垃圾焚烧厂，由于工作人员缺乏环保的意识，或者缺乏最终处置出路，这些特定的垃圾甚至有害垃圾又和一般生活垃圾混在了一起被填埋掉或焚烧掉。由于电池里含有多种有毒有害重金属和化学成分如铅、汞，而荧光灯管中汞含量很高，这些垃圾被混合着一同填埋掉或焚烧掉，会造成土壤、地下水和空气的严重污染。我国是汞污染大国主要原因就在于此。这已经是一个非常严重的现实问题。为了提高垃圾分类收集的比率，不仅需要垃圾分选技术的提高，更需要政府的统筹市政基础建设和市民的环境保护意识与垃圾分类知识的提高。因此环境教育作为一种全民教育进行推广是十分重要的。

淮安周恩来纪念馆

第二十二课

绿色建筑

齐康

绿色建筑是近 20 年提出的话题，绿色建筑实际上是个环境问题。

绿色的概念体现了持续发展的理念，要实事求是，因地制宜，针对中国是一个世界上的发展中大国，人口众多，国土资源有限，水资源匮乏的现状，建筑师要注意到这个特点，在设计居住建筑和公共建筑时都要注重"绿色"。

我国也是缺少石油的国家，而又多用煤炭，风能、水能、太阳能等等新型能源尚处于开发阶段。

在现阶段，我们应该提出绿色建筑、生态城市的要求，绿化大地是一个大要求，保护山林，特别是城市周围尽可能地植树绿化，又要节约生产所需的基本农田。城市中不能以硬地作为地面，使土地没有绿化的机会。在住宅建设中二次装修或多次装修，也会带来废弃的构件。砖是很好的建筑的材料，但用砖要有大量的砂土和土地，改用空心砖作为隔墙就较好一点。我们希望通过逐步工业化的道路来进行绿色建筑实践（但目前仅在试点中），此外，可在屋顶上覆土绿化，屋顶部分和全部覆盖太阳能电池满足建筑的用电需求。

我们讲因地制宜就要分析各地区在气候环境上的差别。例如寒冷地区，即长城以南，秦岭淮河以北，新疆南部，甚至包括天津、北京、河北、山西、陕西、辽宁南部、甘肃东部、西藏东南、青海南部等地，冬季较长，寒冷干燥，夏季各地区差异较大，冬季较冷，夏季较热，但时间短，建筑布置不仅考虑日照且要考虑风的方向带来的问题，高层建筑等要注意高宽比。在南方地区，如长江流域，属于夏热冬冷地区，十分注重建筑的朝向。有的地方是向南偏东，各地方有其方位度。这时绿化起着十分重要的作用。调整好建筑方向的问题，可以设置遮阳板和必要的退台。夏热冬暖地区的广东、云南、海南。这里天气多变，多潮湿，需要加强通风措施，加强遮阳措施。再是温和地区如福建、浙江中南部，应注意的屋顶遮阳、门窗遮阳。建筑的屋顶和各层窗的口檐部利于建筑通风。

此外，在山地坡地等高差大的地区，为争取更多的光照，建筑布局需要高低错落，注意日照间距。

建筑是住户的单体，城市是人们集居的整体。城市的规模有大小、控制城市规模特别是特大城市和超大城市，在那里人口过于集中，也是城市病的多发地区。上海市已经提出控制在 2500 万人口。城市直接延伸到了郊区的外城区，特别在今天高速交通便利的情况下，是有利于疏散人口，这也是解决高密集方式之一，在这些城市更要解决交通拥堵，及高层对气流的漩涡影响，这不利于人们的健康。在这些密集城市周边还有高污染的工厂而且在上风向，要改变其性能，甚至搬迁高污染企业、控制污染空气和污水排放。

我们所说的绿化建筑还与生态的观念与理性的城市有关，即大自然和城市的关联，城市社会中人和社会的关联，特别是城市中的地区，也是防范的重点。深圳市中心城市地区的规划长时期的控制，是较好的实例。

绿色的建筑、生态的城市一是要有整体性，把规划设计与建筑单体设计结合起来，将流线中的车流和步行人流结合起来，将密集的建筑群和城市的道路结合起来，创造一个生态的居住环境。

我们在快速城市化时期不太管理污水的排放，所以现在要对城市的污水严格规划、改善和治理，以求在一段时期内达到相对的洁净。在建设的初期是边建设边污染的，所以不禁让人想到"雾都孤儿"。我们今天开始整治是十分必要的，相信在不远的将来将解决这一系列的矛盾。全面而整体地解决种种矛盾的目标，相信我们在将来的某一天一定能够实现。

河南郑州河南博物院

后记

　　这套册子共五本，系建筑、规划、园林的普及读物，曾在《室内与装修》、《现代城市研究》和《中国园林》上连续发表，得到他们的支持，时隔几年又由中国建筑工业出版社吴宇江同志出版了我的《建筑心语》——《建筑教育》，最近完成了《景园课》和《技术课（建筑）》，成为一套。得到中国建筑工业出版社沈元勤和张建同志的大力支持得以出版，深表谢意。对重庆大学建筑学院翁季，东南大学建筑研究所寿刚，东南大学建筑学院张宏、张弦、齐昉等同志的支持，以及家人的关怀，深表谢意，并对研究所林挺、卜纪青、李芳芳同志的工作一并感谢。

齐康

2016 年 07 月

Architecture Technology